실내건축
기사 실기

필답형

예문사

본 교재는 처음 보는 시험이더라도 문제유형을 파악할 수 있도록 출제경향과 최신기출문제를 체계적으로 분석하여 수록하였습니다. 수험생이 작업형과 필답형 교재를 따로 구매하는 수고를 덜고, 실기시험의 흐름을 한눈에 알아보게 하기 위해 더 정교하게, 더 까다롭게, 더 세심하게 심혈을 기울여 만든 내용을 이 한 권에 담았습니다.

건축분야 전공자는 물론이고 비전공자인 수험생도 쉽게 이해할 수 있도록 기초적인 지식을 단계별로 구성하였고, 매년 새로워지는 다양한 기출문제와 표준시방서 및 건축자료를 토대로 시험 준비에 큰 어려움이 없도록 하는데 중점을 두었습니다.

이에 본 교재는 다음과 같이 구성하였습니다.

[필답형]
• 단시간에 효율적으로 학습할 수 있는 핵심이론과 예상문제
• 풍부한 예제 및 계산과정을 쉽게 풀어 주는 적산문제
• 최근 8개년(2024~2017년)의 시공실무 기출문제 해설 풀이
• 빈출문제만 엄선한 콕집 160제

[작업형]
• 작도방법을 단계별로 학습할 수 있도록 핵심 포인트 정리
• 저자의 오랜 노하우가 담긴 상세 도면 수록

이 교재를 통하여 실내건축 실기시험을 대비하는 수험생이 효과적으로 지식을 습득하고, 합격의 기쁨을 누릴 수 있기를 진심으로 바랍니다.

끝으로 출간하기까지 많이 애써 주신 도서출판 예문사 직원분들의 노고에 다시 한 번 감사드립니다.

저자 유 희 정

FEATURE • 이 책의 특징

1 필답형과 작업형이 한 권에!

2차 실기시험을 효율적으로 대비할 수 있도록 필답형과 작업형을 한 권으로 구성하였습니다.

2 자기 주도 학습이 가능한 스터디 플랜 제공

필답형 10일, 작업형 30일의 총 40일로 구성한 스터디 플랜에 따라 공부하면 단기간에 혼자서도 충분히 시험에 대비할 수 있습니다.

3 철저한 시공실무 분석

중요한 이론을 이해하기 쉽게 정리하였고, 각 장마다 예상문제를 수록하여 다양한 문제유형을 익히고 실력을 점검할 수 있습니다.

또한 최근에 신규로 나오는 시공실무 문제의 해설을 관련 법규 및 건축 표준시방서를 반영하여 수록하였습니다.

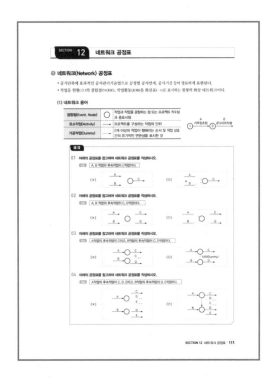

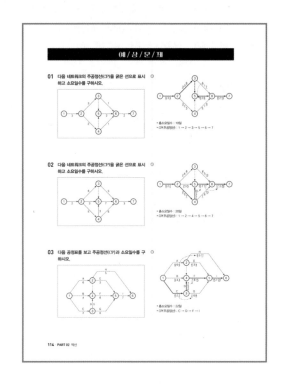

④ 핵심 기출만 콕 집어 주는 콕집 160제!

출제빈도가 높은 문제만 엄선한 '콕집 160제'를 반복 학습하면 실전 감각이 높아져 합격 실력을 완성할 수 있습니다.

⑤ 실내공간별 상세 도면 및 컬러링 도면 제공

평면도, 내부입면도, 실내투시도 등 도면 작도법을 상세하게 보여 주어 쉽게 이해할 수 있습니다.

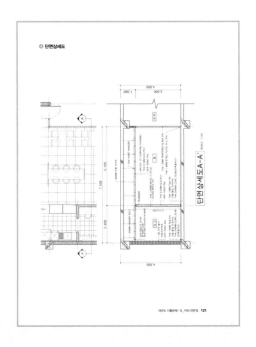

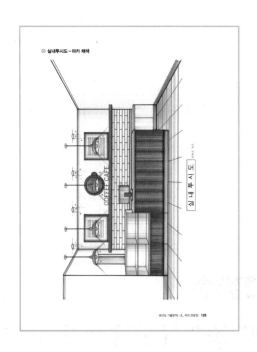

⑥ 꼼꼼하고 쉬운 해설

필답형 기출문제를 꼼꼼하고 자세하게 해설하여 비전공자도 시공실무 문제를 완벽하게 이해하고, 작업형 도면의 유형별 작도방법 및 대응방안을 이해하기 쉽게 구성하여 전체적인 시험 흐름을 파악할 수 있도록 하였습니다.

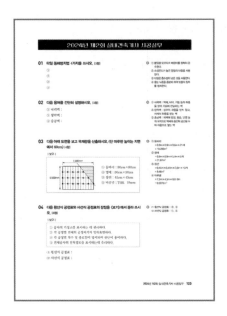

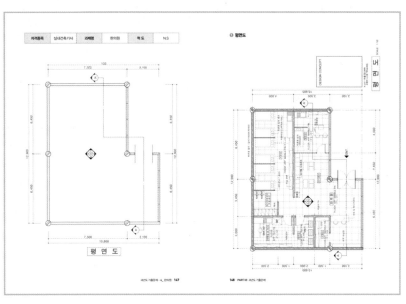

직무 분야	건설	중직무 분야	건축	자격 종목	실내건축기사	적용 기간	2025.1.1.~2027.12.31.

○ 직무내용 : 기능적, 미적 요소를 고려하여 건축 실내공간을 계획하고, 제반 설계도서를 작성하며, 완료된 설계도서에 따라 시공 및 공정관리를 총괄하는 직무이다.

○ 수행준거 : 1. 실내공간 관계 법령 및 관련 자료에 대한 조사를 통해 전반적인 프로젝트의 성격을 규정할 수 있는 분석결과를 도출할 수 있다.
　　　　　2. 사용자 요구사항을 파악하고 프로젝트에 대한 전반적인 내용을 파악 검토하고 요구사항에 부응하는 설계 개념을 도출하여 공간 프로그램을 작성할 수 있다.
　　　　　3. 기본계획을 토대로 실내공간을 구성하고 있는 제반요소에 대해 통합적 공간 계획을 수립하고 세부도면을 작성할 수 있다.
　　　　　4. 공간의 성격 및 특징을 분석하여 공간 콘셉트를 설정하며 동선 및 조닝 등 실내공간을 계획하고 기본 계획을 수립하며 도면을 작성할 수 있다.
　　　　　5. 세부 공간계획을 실행하기 위하여 실내디자인 시공에 필요한 내역서, 시방서, 공정표를 작성할 수 있다.
　　　　　6. 기본 설계 내용을 기초로 실내디자인 시공에 필요한 설계도면, 시방서 등을 작성할 수 있다.
　　　　　7. 설계업무의 각 과정에서 도출된 의도 및 개념을 포함한 구체화된 결과물을 효율적으로 기획하고 보고서를 작성하여 의뢰인에게 명확하게 전달함으로써 긍정적인 의사결정을 유도할 수 있다.
　　　　　8. 설계 도서를 바탕으로 공사 계획을 수립하고, 인력, 자재, 예산 및 안전 제반 사항을 관리하며 시공의 전반적 사항을 관리할 수 있다.

실기검정방법	복합형	시험시간	7시간 정도(필답형 : 1시간, 작업형 : 6시간 정도)

실기과목명	주요항목	세부항목	세세항목
실내디자인 실무	1. 실내디자인 자료 조사 분석	1. 실내공간 자료 조사하기	1. 해당 공간과 주변의 인문적 환경, 자연적 환경, 물리적 환경을 조사할 수 있다. 2. 해당 공간을 현장 조사할 수 있다. 3. 해당 프로젝트에 적용할 수 있는 유사 사례를 조사할 수 있다. 4. 사용자의 요구조건 충족을 위해 전반적 이론과 구체적 아이디어를 수집할 수 있다.
		2. 관계 법령 분석하기	1. 프로젝트와 관련된 법규를 조사할 수 있다. 2. 프로젝트 관련 인허가 담당부서·유관기관을 파악할 수 있다. 3. 관련 법규를 근거로 인허가 절차, 기간, 협의 조건을 분석할 수 있다.
		3. 관련 자료 분석하기	1. 발주자 요구사항을 근거로 프로젝트의 취지, 목적, 성격, 기능, 용도, 업무범위를 분석할 수 있다. 2. 기초조사를 통해 실제 사용자를 위한 결과물의 내용, 소요업무, 소요기간, 업무 세부내용의 요구수준을 분석할 수 있다. 3. 사용자 경험과 행동에 영향을 미치는 요소를 파악하여 공간 개발 전략으로 적용할 수 있다. 4. 수집된 정보를 기반으로 기본 방향을 도출할 수 있다.

실기과목명	주요항목	세부항목	세세항목
실내디자인 실무	2. 실내디자인 기획	1. 사용자 요구사항 파악하기	1. 사용자 요구사항에 따른 프로젝트의 취지, 목적, 성격, 기능, 용도, 업무범위를 파악할 수 있다. 2. 해당 공간과 주변의 자연환경, 인문환경을 조사할 수 있다. 3. 문헌조사와 인터뷰 조사를 통해 사용자 요구사항을 파악할 수 있다. 4. 관련 디자인 트렌드 조사를 통해 프로젝트를 위한 현황을 파악할 수 있다.
		2. 설계 개념 설정하기	1. 사용자 요구사항 파악을 통하여 해당 공간의 디자인 지향점을 설정할 수 있다. 2. 도출된 공간의 디자인 방향을 구체화하여 설계 기본개념을 설정할 수 있다. 3. 기본개념을 구체화할 수 있도록 설계의 아이템과 연계한 실행 방안을 설정할 수 있다. 4. 프로젝트 분석에서 검토된 내용을 바탕으로 공간 콘셉트를 수립할 수 있다.
		3. 공간 프로그램 적용하기	1. 디자인 콘셉트를 적용한 공간을 시각적으로 구상할 수 있다. 2. 용도, 목적에 따라 공간의 기본 단위를 도출할 수 있다. 3. 기능별 사용 목적과 중요도에 따라 공간의 위계를 수립할 수 있다. 4. 적용된 기능에 따른 공간을 배치할 수 있다.
	3. 실내디자인 세부공간계획	1. 주거세부공간 계획하기	1. 실내디자인 기본계획을 토대로 주거공간에 대한 통합적인 실내공간을 계획할 수 있다. 2. 실내디자인 기본계획을 토대로 주거공간에 대한 마감재 및 색채 계획을 할 수 있다. 3. 실내디자인 기본계획을 토대로 주거공간에 대한 조명, 가구, 장비 계획을 할 수 있다. 4. 주거공간에 대한 세부설계 도면을 작성할 수 있다.
		2. 업무세부공간 계획하기	1. 실내디자인 기본계획을 토대로 업무공간에 대한 통합적인 실내공간을 계획할 수 있다. 2. 실내디자인 기본계획을 토대로 업무공간에 대한 마감재 및 색채 계획을 할 수 있다. 3. 실내디자인 계획계획을 토대로 업무공간에 대한 조명, 가구, 장비 계획을 할 수 있다. 4. 업무공간에 대한 세부설계 도면을 작성할 수 있다.
		3. 상업세부공간 계획하기	1. 실내디자인 기본계획을 토대로 상업공간에 대한 통합적이고 구체적인 실내공간을 계획할 수 있다. 2. 실내디자인 기본계획을 토대로 상업공간에 대한 마감재 및 색채 계획을 할 수 있다. 3. 실내디자인 기본계획을 토대로 상업공간에 대한 조명, 가구, 장비계획을 할 수 있다. 4. 상업공간에 대한 세부설계 도면을 작성할 수 있다.
	4. 실내디자인 기본 계획	1. 공간 기본 구상하기	1. 공간 프로그램을 바탕으로 주거공간, 업무공간, 상업공간 등의 특징을 파악할 수 있다. 2. 설정된 공간 콘셉트를 바탕으로 동선, 조닝 등 기본적 공간 구상을 할 수 있다. 3. 설정된 공간에 대한 마감재 및 색채, 조명, 가구, 장비계획 등 통합적 공간 기본 구상을 할 수 있다.

실기과목명	주요항목	세부항목	세세항목
실내디자인 실무	4. 실내디자인 기본 계획	2. 공간 기본 계획하기	1. 공간 기본 구상을 바탕으로 주거공간, 업무공간, 상업공간 등 구체적인 실내공간을 계획할 수 있다. 2. 실내공간 계획을 바탕으로 주거공간, 업무공간, 상업공간 등 공간별 마감재 및 색채계획을 할 수 있다. 3. 실내공간 계획을 바탕으로 주거공간, 업무공간, 상업공간 등 공간별 조명, 가구, 장비계획을 할 수 있다. 4. 주거공간, 업무공간, 상업공간 등 공간별 등 공간별 계획에 따른 기본 설계도면을 작성할 수 있다.
		3. 기본 설계도면 작성하기	1. 공간별 기본계획을 바탕으로 평면도, 입면도, 천장도 등 기본 도면을 작성할 수 있다. 2. 공간별 기본계획을 바탕으로 마감재 및 색채 계획 설계도서를 작성할 수 있다. 3. 각 도면을 제작한 후 설계도면집을 작성할 수 있다.
	5. 실내디자인 실무도서 작성	1. 내역서 작성하기	1. 실시설계 도면을 파악하여 물량산출서를 작성할 수 있다. 2. 자재의 단가와 개별직종 노임단가를 조사하여 재료비, 노무 비, 경비를 파악하고 일위대가를 작성할 수 있다. 3. 세부 공간계획 실행을 위한 공종별 내역서를 작성할 수 있다. 4. 직접 공사비, 간접 공사비, 총 공사비를 포함한 공사의 원가계 산서를 작성할 수 있다.
		2. 시방서 작성하기	1. 실시설계 도면을 검토하여 공종별로 표준시방서를 작성할 수 있다. 2. 시공을 위한 일반사항과 공종별 공사에 대해 시방서의 목차를 기술할 수 있다. 3. 공사의 특수성을 감안한 특기시방서를 작성하거나 취합할 수 있다.
		3. 공정표 작성하기	1. 설계의 전반적인 내용을 숙지하고 공사순서에 따라 공종별 내용을 분리 기술할 수 있다. 2. 주요 공정단계별 착수 및 완료 시점을 구분하여 제시할 수 있다. 3. 예정공정에 따라 공사전반의 공정표를 작성할 수 있다. 4. 설계에 따라 각 공정에 필요한 인력, 자재, 장비의 투입 내역을 기록할 수 있다.
	6. 실내디자인 설계도서 작성	1. 실시설계 도서 작성 수집하기	1. 기본 설계를 바탕으로 시공을 위한 실시설계 도면 작성을 준 비할 수 있다. 2. 설계도면 작성 기준에 따른 실시설계도면 작성을 준비할 수 있다. 3. 협력설계를 통해 도출된 각 공정별 설계변경 내용을 도면에 반영할 수 있다.
		2. 실시설계 도면 작성하기	1. 기본 설계를 바탕으로 시공이 가능하도록 실시설계 도면을 작성할 수 있다. 2. 설계도면 작성 기준에 따라 정확하게 설계도면을 작성할 수 있다. 3. 도면을 작성한 후 설계도면집을 완성하여 제시할 수 있다.
		3. 마감재 도서 작성하기	1. 기본 설계를 바탕으로 시공을 위한 실내디자인 마감재 목록도 서 작성을 준비할 수 있다. 2. 내역서 작성을 위한 마감재, 조명기기, 하드웨어, 위생기기 목 록도서를 작성을 할 수 있다. 3. 실시설계 도면에 대한 표기된 마감재 오류표기에 대한 검토를 할 수 있다.

실기과목명	주요항목	세부항목	세세항목
실내디자인 실무	7. 실내건축설계 프레젠테이션	1. 프레젠테이션 기획하기	1. 설계업무의 각 과정에서 도출된 사항을 파악할 수 있다. 2. 전달하고자 하는 내용을 정확히 파악할 수 있다. 3. 단계별 계획안에 대한 프레젠테이션 시나리오를 작성할 수 있다. 4. 프레젠테이션 주제에 대해 다양한 자료를 조사하여 적용할 수 있다.
		2. 보고서 작성하기	1. 설계도서 및 개념을 논리적 문장과 적절한 도식으로 표현할 수 있다. 2. 각종 표현매체를 활용해 예상 이미지를 구현할 수 있다. 3. 프레젠테이션 기획에 따라 결과물을 제작할 수 있다. 4. 구성요소에 대한 내용을 적절하게 표현할 수 있다.
		3. 프레젠테이션하기	1. 프레젠테이션을 통해 계약대상자의 합리적인 의사결정을 도출할 수 있다. 2. 설계의도를 정확하게 전달할 수 있다. 3. 계약대상자의 다른 의견에 대하여 대안을 제시할 수 있다.
	8. 실내디자인 시공관리	1. 공정 계획하기	1. 설계의 전반적인 내용을 숙지하고 예정공정에 따라 공사전반의 공정계획서를 작성할 수 있다. 2. 설계에 따라 각 공정에 필요한 인력, 자재, 장비의 투입 시점을 계획할 수 있다. 3. 공사에 소요되는 예산 계획을 수립할 수 있다. 4. 공정계획서의 일정계획과 진도관리에 따라 공사를 완료할 수 있다.
		2. 현장 관리하기	1. 공사계획에 따른 현장의 인력, 자재, 예산을 관리할 수 있다. 2. 현장에서 설계도서에 따른 적정 시공 여부를 확인할 수 있다. 3. 현장에서 위기대응, 현장정리, 진행과정을 기록·보고를 할 수 있다. 4. 공정계획서의 일정계획과 진도관리에 따라 공사를 완료할 수 있다.
		3. 안전 관리하기	1. 시공현장의 재해방지·안전관리 계획을 수립할 수 있다. 2. 시공 작업에 맞추어 공종별 안전관리 체크리스트를 작성할 수 있다. 3. 안전관리를 위한 시설을 설치·관리할 수 있다. 4. 시공과정에 따른 안전관리체계를 지도할 수 있다.
		4. 시공 감리하기	1. 공사에 투입되는 장비와 자재의 품질에 대한 적정성을 판단하여 적용할 수 있다. 2. 공사가 올바르게 시공되었는지 검사하고 판단할 수 있다. 3. 부적합한 사안에 대하여 시정 지시를 하여 감리할 수 있다. 4. 현장 일지 작성을 통해 미비사항에 대한 작업 지시를 할 수 있다.

CONTENTS • 목차

PART 3

최신기출문제
(2024~2017년)

PART 4

콕집 160제

 필답형 10일 스터디 플랜

핵심이론 및 예상문제	Day − 1	□ 가설공사, 조적공사, 석재공사, 타일공사, 미장공사, 목공사
	Day − 2	□ 유리 및 창호공사, 경량철골공사, 금속공사, 합성수지공사, 도장공사, 수장공사
적산	Day − 3	□ 적산 및 견적, 가설공사, 조적공사, 타일공사, 목공사
	Day − 4	□ 금속공사, 도장 및 도배공사, 미장공사, 유리공사
	Day − 5	□ 품질관리, 비용구배, 공정관리, 네트워크 공정표
최신 기출문제	Day − 6	□ 기출문제(2024년, 2023년, 2022년)
	Day − 7	□ 기출문제(2021년, 2020년, 2019년)
	Day − 8	□ 기출문제(2018년, 2017년)
콕집 160제	Day − 9	□ 1~80번
	Day − 10	□ 81~160번

TIP

① 무조건 외우기보다는 이해를 하면서 습득하는 것이 가장 중요하다.

② 적을 때는 문장으로, 외울 때는 중요 포인트로 기억하자!

핵심이론 및 예상문제

❶ 가설공사

실내공사 수행기간 중 임시로 설치하여 공사를 수행하는 목적으로 쓰이는 시설을 말하며, 공사가 완료되면 해체, 철거하게 되는 것이다.

❷ 비계(Scaffolding)

건물에서 손이 닿지 않는 높은 천장, 벽면 등의 작업을 하기 위해 설치한 가설물로서 시공이 편리하도록 작업하기 좋은 높이로 설치해야 하며 작업자들이 안전하도록 튼튼하게 설치해야 한다. 특히, 작업자의 추락방지에 유의한다.

(1) 비계 재료별 분류 : 강관비계(단관비계, 강관틀비계), 통나무비계

　① 강관비계(파이프비계)
　　• 비계기둥의 간격은 띠장방향에서는 1.85m 이하, 장선방향에서는 1.5m 이하로 해야 한다.
　　• 띠장 간격은 2.0m 이하로 할 것. 다만, 작업의 성질상 이를 준수하기가 곤란하여 쌍기둥틀 등에 의하여 해당 부분을 보강한 경우에는 그러하지 아니하다.

장점	단점
• 운반, 보관이 편리하다.	• 구입비가 비싸다.
• 조립과 해체가 쉽다.	• 금속이므로 녹이 생길 우려가 있다.
• 접합부의 구조를 볼트 등으로 튼튼하게 할 수 있다.	• 조립 시 감전사고의 우려가 있다.
• 단관비계, 강관틀비계 2종류가 있다.	• 부품을 손실할 우려가 있다.

　　㉠ 단관비계 : 비계의 간격은 수평방향 1.5m~1.8m, 수직방향 0.9~1.5m로 하고 가새는 수평방향 15m 내외, 45°로 걸쳐대고 결속한다.
　　㉡ 강관틀비계 : 세로틀의 표준치수는 폭 90~120cm이고, 높이는 160~170cm이다. 부품은 세로틀, 띠장틀(수평틀), 교차가새 등을 부속철물로 사용한다.

　② 통나무비계
　　• 비계기둥의 간격은 2.5m 이하로 하고 지상에서부터 띠장은 3m 이하의 위치에 설치해야 한다.
　　• 인장재와 압축재로 구성되어 있는 경우에는 인장재와 압축재의 간격은 1m 이내로 한다.
　　• 통나무비계는 지상높이 4층 이하 또는 12m 이하인 건축물 · 공작물 등의 건조 · 해체 및 조립 등의 작업에만 사용할 수 있다

(2) 비계 용도상 분류 : 외부비계, 내부비계, 수평비계, 말비계

(3) 비계 매는 형식상 분류 : 외줄비계, 겹비계, 쌍줄비계
　(높이가 2m 이상인 작업장소에는 작업발판을 설치해야 한다)
　① 외줄비계 : 비계기둥을 1열로 하는 비계
　② 겹비계 : 하나의 기둥에 두 개의 띠장을 댄 비계

③ 쌍줄비계 : 두 개의 기둥을 세우고 두 개의 띠장을 댄 비계

④ 달비계 : 건축물에 고정된 돌출보 등에서 밧줄로 매단 비계

⑤ 틀비계 : 45m 이하의 높이로 현장조립이 용이한 비계

(4) 비계 설치순서

현장 반입 → 비계기둥 → 띠장 → 가새 및 버팀대 → 장선 → 발판

(5) 낙하물 방지망

건축공사장에서 작업 중에 떨어지는 자갈, 벽돌토막, 나무토막 등이 낙하하는 것을 방지하기 위해 수평 또는 수직으로 둘러치는데 수평낙하물방지망(방호선반), 수직낙하물방지망(방호시트, 방호망사)을 사용한다.

01 다음은 통나무 비계의 설치순서이다. 시공순서에 맞게 나열하시오.

| 보기 |

> ① 재료현장 반입　　　　② 띠장
> ③ 장선　　　　　　　　④ 발판
> ⑤ 비계기둥　　　　　　⑥ 가새 및 버팀대

① 재료현장 반입－⑤ 비계기둥－
② 띠장－⑥ 가새 및 버팀대－③ 장선
－④ 발판

02 파이프 비계의 연결철물 3가지를 쓰시오.

　　① 　　　　　② 　　　　　③

① 직교형
② 자재형
③ 특수형

03 달비계, 수평비계에 관하여 서술하시오.

　　① 달비계 :

　　② 수평비계 :

① 달비계 : Wire Rope로 작업대를 달
아 내린 것으로 외부수리, 치장공사,
유리창 청소 등을 하는 데 쓰인다.
② 수평비계 : 실내에서 작업하는 높이
의 위치에 발판을 수평으로 매는 것
이다.

04 건축공사용 비계의 종류 5가지를 쓰시오.

　　①　　　　　　②　　　　　　③
　　④　　　　　　⑤

① 외줄비계
② 겹비계
③ 쌍줄비계
④ 달비계
⑤ 수평비계

05 강관파이프비계의 단점 3가지를 쓰시오.

　　①
　　②
　　③

① 초기 구입비가 비싸다.
② 금속이므로 녹이 생길 우려가 있다.
③ 조립 시 감전사고의 우려가 있다.
그 외
④ 부품을 손실할 우려가 있다.

06 직접가설공사 항목 중 낙하물에 대한 위험방지시설 3가지를 쓰시오.

　　①　　　　　　②　　　　　　③

① 방호철망
② 방호시트
③ 방호선반

07 다음 설명하는 비계명칭을 쓰시오.

(1) 건물 외벽면 50～90cm 정도의 한쪽 기둥에 띠장을 걸친 것

(　　　　　)

(2) 하나의 기둥에 2개의 띠장을 걸치고, 그 위에 발판을 깐 것

(　　　　　)

(3) 건물외부에 안팎으로 2줄기둥을 180～240cm 간격으로 세우고 띠장과 장선을 걸고 발판을 깐 것

(　　　　　)

(4) 실내에서 작업하는 높이의 위치에 발판을 수평으로 매는 것

(　　　　　)

(1) 외줄비계
(2) 겹비계
(3) 쌍줄비계
(4) 수평비계

08 가설공사 중 단관파이프비계를 설치하는 일반적인 시공순서를 〈보기〉에서 골라 번호를 나열하시오.

| 보기 |

① BASE PLATE 설치　　② 비계기둥 설치
③ 장선 설치　　　　　　④ 바닥면 고르기 및 다지기
⑤ 소요자재의 현장 반입　⑥ 띠장 설치

⑤ 소요자재의 현장 반입－④ 바닥면 고르기 및 다지기－① BASE PLATE 설치－② 비계기둥 설치－⑥ 띠장 설치－③ 장선 설치

09 다음 용어에 대하여 간단히 설명하시오.

(1) 페코빔(Peco Beam) :

(2) 데크플레이트(Deck Plate) :

(1) 페코빔(Peco Beam) : 강재의 인장력을 이용하여 만든 조립보로 받침기둥이 필요 없는 좌우로 신축이 가능한 가설 수평지지보
(2) 데크플레이트(Deck Plate) : 철골조 보에 걸어서 지주 없이 쓰이는 골 모양의 철재 바닥판

10 가설공사에서 사용되는 다음 용어를 설명하시오.

• 커플링(Coupling)

단관파이프비계 설치 시 기둥과 띠장 및 가새 등을 연결할 때 사용되는 고정철물

11 강관비계가 통나무비계에 비해 갖는 장점 3가지를 쓰시오.

①
②
③

① 조립 및 해체가 용이하다.
② 사용연한이 길다.
③ 화재의 염려가 없다.

❶ 조적공사(벽돌공사, 블록공사)

벽돌, 블록 석재 등을 쌓아 올리는 작업을 조적공사라고 하며, 벽돌공사는 벽돌을 모르타르로 쌓아 건축물의 벽체 등을 만드는 공사이다. 주방, 화장실, 사우나 등 물을 많이 사용하는 공간에서 주로 이루어지며 블록보다는 벽돌을 많이 사용한다.

(1) 벽체의 종류

① **내력벽**(Bearing Wall) : 벽체, 바닥, 지붕 등의 수직하중과 수평하중을 받아 기초에 전달하는 벽체이다.

② **장막벽**(Curtain Wall) : 비내력벽, 칸막이벽이라고도 하며 공간 구분 목적으로 자체 하중만 받는 벽체이다 (구조적인 역할을 하지 않는다).

③ **중공벽**(Hollow Wall, Cavity Wall) : 이중벽, 공간벽이라고도 하며 벽체 중간에 공간을 두어 단열재를 채워 2중(겹)으로 쌓는 벽체이다.

(2) 벽돌의 규격(치수)

KS L 4201 및 KS F 4004에서 규정한 벽돌이다.

구분	치수			허용차		
	길이(mm)	너비(mm)	두께(mm)	길이(mm)	너비(mm)	두께(mm)
표준형	190	90	57			
기존형	210	100	60	±5.0	±3.0	±2.5
재래형	227	109	60			

(3) 벽돌의 마름질

마름질은 온장의 벽돌을 용도에 따라 토막 또는 절로 잘라서 쓰는 것이다.

▲ 반절   ▲ 반토막   ▲ 칠오토막   ▲ 이오토막

(4) 벽돌쌓기법

① **영국식 쌓기** : 길이쌓기와 마구리쌓기를 한 켜씩 번갈아 쌓아 올리며 벽의 끝이나 모서리에는 이오토막 또는 반절을 사용한다. 특히, 내구성이 좋다.

② **화란식 쌓기(네덜란드식 쌓기)** : 영국식 쌓기와 비슷하나 벽의 끝이나 모서리에는 칠오토막을 사용한다.

③ **불식 쌓기(프랑스식 쌓기)** : 매 켜에 길이와 마구리를 번갈아 쌓는 방식으로 구조적으로 내구성이 부족하다.

④ **미국식 쌓기** : 5~6켜 정도는 길이쌓기로 하고 다음 1켜는 마구리쌓기로 하여 뒷면에 영국식 쌓기로 한 면과 물리도록 한 쌓기법이다.

※ 벽돌쌓기는 정한 바가 없으면 영국식 쌓기 또는 화란식 쌓기로 한다.

(5) 아치쌓기법

아치는 상부에서 오는 수직하중이 아치의 축선에 따라 좌우로 나누어져 밑을 전달되게 한 구조이다.

① 거친아치 : 줄눈을 쐐기모양으로 쌓은 아치

② 본아치 : 주문하여 제작한 벽돌을 사용하여 쌓은 아치

③ 층두리아치 : 아치 너비가 넓을 때에 반장별로 층을 지어 겹쳐 쌓는 아치

④ 막만든아치 : 일반 벽돌을 쐐기모양으로 다듬어 만든 아치

(6) 줄눈

줄눈에는 막힌줄눈과 통줄눈이 있고 내력벽체에는 막힌줄눈으로 하며 가로세로 10mm를 표준으로 한다. 수평줄눈 아래에 방습층 설치, 액체 방수체를 혼합한 모르타르를 10mm로 바른다.

• **치장줄눈의 종류** : 민줄눈, 평줄눈, 둥근줄눈, 오목줄눈, 빗줄눈, 블록줄눈, 내민줄눈

(7) 방습층 설치

지반의 습기가 벽체를 타고 올라오는 것을 막기 위해 벽면, 콘크리트 바닥판 밑에 설치하는 것

(8) 벽돌의 균열 및 시공상 주의사항

① 벽돌 균열의 원인

• 벽돌 및 모르타르의 강도 부족

• 온도 및 흡수에 따른 재료의 신축성

• 이질재와 접합부의 시공 결함

• 콘크리트 보와 벽체 사이에 사춤모르타르 다져놓기 부족

② 시공상 주의사항

• 벽돌쌓기 할 때 쌓기 1~3일 전에 벽돌을 충분히 물축이기 한다.

• 가급적 토막벽돌을 사용하지 않도록 한다.

• 모르타르는 잘 배합하여 건비빔으로 해두고 사용할 때는 적당히 물을 부어 1시간 이내에 사용한다.

• 가로 및 세로줄눈의 너비는 10mm를 표준으로 한다. 세로줄눈은 통줄눈이 되지 않도록 한다.

• 하루의 쌓기 높이는 1.2m(18켜 정도)를 표준으로 하고, 최대 1.5m(22켜 정도) 이하로 한다.

(9) 백화현상

① 정의 및 원인

벽돌 및 모르타르 중 포함되어 있는 소석회 성분이 대기 중의 탄산가스와 화학반응을 일으켜 흰 백태를 만드는 현상으로 원인은 벽 표면에서 침투하는 산성비에 의하여 모르타르 중의 석회질이 유출되기 때문이다.

② 백화현상의 방지대책

• 소성이 잘된 양질의 벽돌과 모르타르 사용

• 파라핀 도료를 발라 염류방출 방지

• 줄눈에 방수제를 발라 사용하여 밀실 시공

• 벽면에 빗물이 침투하지 못하도록 비막이 설치

❷ 블록공사

블록은 형상과 치수에 따라 기본블록, 이형블록, 특수블록으로 구분된다.

(1) 블록의 규격(치수)

구분	치수			허용차
	길이(mm)	높이(mm)	두께(mm)	길이, 높이 ,두께(mm)
기본블록	390	190	190 150 100	±2
이형블록	• 종류 및 설치위치 : 창대블록(창틀 아래), 인방블록(창틀 위), 창쌤블록(창틀 옆) • 길이, 높이 및 두께의 최소 크기를 90mm 이상으로 한다. • 가로근 삽입블록, 모서리블록 및 기본블록과 동일한 크기인 것의 치수 및 허용치는 기본블록에 따른다.			

(2) 블록쌓기 일반사항

① 세로줄눈은 도면 또는 공사시방에서 정한 바가 없을 때에는 막힌줄눈으로 한다.

② 블록은 뒤집어서 살두께가 큰 편을 위로 하여 쌓는다.

③ 하루의 쌓기 높이는 1.6m(블록 7켜 정도) 이내를 표준으로 한다.

(3) 세로규준틀

벽돌과 블록, 돌을 쌓을 때 세로규준틀을 사용하여 건물의 귀퉁이나 그 밖의 요소에 규준틀을 설치하여 공사를 진행한다.

① 기입사항 : 쌓기단수, 줄눈표시, 테두리보 위치, 창틀위치 및 규격

② 설치위치 : 건물의 모서리, 교차부의 중앙부분, 긴 벽의 중앙부

(4) 인방보

① 양 끝을 벽체의 블록에 200mm 이상 걸치고 또한 위에서 오는 하중을 전달할 충분한 길이로 한다.

② 인방보 상부의 벽은 균열이 생기지 않도록 주변의 벽과 강하게 연결되도록 철근이나 블록 메시로 보강연결 하거나 인방보 좌우단 상향으로 컨트롤 조인트를 둔다.

③ 모든 창호에 인방보를 설치하는 것이 좋지만 개구부의 폭이 0.9m 미만인 경우에는 인방보를 설치하지 않아도 무방하다.

인방보 길이(mm)	2,000 이하	2,000~3,000	3,000 이하
최소 걸침길이(mm)	200	300	400

(5) 테두리보

① 테두리보의 모서리 철근은 서로 직각으로 구부려 겹치거나 길이 40(철근직경의 40배) 이상 바깥에 오는 철근을 넘어 구부려 내리고 유효하게 정착한다.

② 바닥판 및 차양 등을 철근콘크리트조로 할 때에는 이어붓기 자리가 내력상 및 방수상 지장이 없도록 하고 필요에 따라 적절히 보강한다.

③ 설치 시 장점 : 수직균열방지, 하중균등분포, 세로철근부착

(6) ALC 보강블록(Autoclaved Lightweight Aerated Concrete Block)

건축물의 내·외벽에 사용되며 고온고압으로 증기양생한 경량기포 콘크리트 블록이라 한다.

① ALC 블록구조 내력벽체의 두께는 최소 200mm 이상이어야 한다.

② 블록은 각 부분을 균등한 높이로 쌓아 가며, 하루 쌓기 높이는 1.8m를 표준으로 하고 최대 2.4m 이내로 한다.

③ 연속되는 벽면의 일부를 나중쌓기로 할 때에는 그 부분을 층단떼어쌓기로 한다.

④ ALC 인방보의 보강철근은 방청처리된 호칭지름 5mm 이상의 철근을 사용하도록 한다.

⑤ 문틀 세우기는 먼저 세우기를 원칙으로 하며, 문틀의 상·하단 및 중간에 600mm 이내마다 보강철물을 설치한다.

⑥ 문틀 세우기를 나중 세우기로 할 때는 블록벽을 먼저 쌓고 문틀을 설치한 후 앵커로 고정한다.

01 다음 마름질벽돌의 명칭을 쓰시오.

(1) (　　) 　　(2) (　　) 　　(3) (　　) 　　(4) (　　)

⊙ (1) 반절
(2) 반토막
(3) 칠오토막
(4) 이오토막

02 조적조에서 테두리보를 설치하는 목적을 3가지만 쓰시오.

①

②

③

⊙ ① 분산된 벽체를 일체로 하여 하중을 균
등히 분포시킨다.
② 수직균열을 방지한다.
③ 세로철근을 정착한다(집중하중을 받
는 부분을 보강).

03 벽돌벽의 용어를 설명하시오.

(1) 내력벽 :

(2) 장막벽 :

(3) 중공벽 :

⊙ (1) 내력벽 : 상부의 고정하중 및 적재하
중을 받아 하부의 기초에 전달하는 벽
(2) 장막벽 : 상부하중을 받지 않고 벽 자
체의 하중만 받는 벽
(3) 중공벽 : 외벽에 방습, 방음, 단열 등
의 목적으로 벽체의 중간에 공간을 두
어 이중으로 쌓는 벽

04 벽돌공사에서 공간쌓기의 효과 3가지를 쓰시오.

① 　　　　　② 　　　　　③

⊙ ① 단열
② 방음
③ 방습

05 조적공사 시 세로규준틀에 기입해야 할 사항을 쓰시오.

① 　　　② 　　　③ 　　　④

⊙ ① 줄눈간격, 줄눈표시
② 벽돌, 블록의 쌓기단수
③ 테두리보 위치
④ 창틀위치 및 규격

06 다음 그림을 보고 조적줄눈의 명칭을 쓰시오.

(1) 　　　　　(2) 　　　　　(3)

⊙ (1) 오목줄눈
(2) 빗줄눈
(3) 내민줄눈

≫ 참고

줄눈 사선방향
① 빗줄눈 : 오른쪽에서 왼쪽으로 사선
② 엇빗줄눈 : 왼쪽에서 오른쪽으로 사선

07 다음 용어를 간략히 설명하시오.

(1) 메쌓기 :

(2) 찰쌓기 :

(1) 메쌓기 : 건성쌓기로 돌과 돌 사이를 서로 맞물려 가며 메워 나가듯이 쌓는 방법

(2) 찰쌓기 : 돌과 돌 사이의 간격(줄눈)에 모르타르를 바르고 뒷부분에 콘크리트로 채우는 방법

08 벽돌 벽에서 발생할 수 있는 백화현상의 방지대책 4가지를 쓰시오.

①

②

③

④

① 소성이 잘된 양질의 벽돌과 모르타르를 사용한다.
② 파라핀 도료를 발라 염류방출을 방지한다.
③ 줄눈에 방수제를 사용하여 밀실 시공한다.
④ 벽면에 빗물이 침투하지 못하도록 비막이를 설치한다.

09 벽돌조의 균열원인 중 시공상의 문제점을 3가지 기술하시오.

①

②

③

① 벽돌 및 모르타르의 강도 부족
② 온도 및 흡수에 따른 재료의 신축성
③ 이질재와 접합부의 시공 결함

10 벽돌쌓기에 관한 설명이다. 알맞은 용어를 쓰시오.

(1) 마구리쌓기와 길이쌓기를 번갈아 쌓으며 이오토막과 반절을 이용하는 방법 (   )

(2) 길이쌓기 5단, 마구리쌓기 1단을 쌓는 방법 (   )

(3) 한 켜에 마구리쌓기와 길이쌓기를 동시에 이용하는 방법 (   )

(4) 마구리쌓기와 길이쌓기를 번갈아 쌓으며 칠오토막을 이용하는 가장 일반적인 방법 (   )

(1) 영식 쌓기
(2) 미식 쌓기
(3) 불식 쌓기
(4) 화란식 쌓기(네덜란드 쌓기)

❶ 석재공사

석재는 구조재보다는 장식재, 치장재 및 마감재로서의 사용이 대부분을 차지하고 있으며 사용되는 외관 및 색채가 우아하고 균일하며 방수성, 방습성이 좋고, 변질 · 변색되지 않는 것을 선택하여 사용한다.

(1) 석재의 장단점

장점	• 내후성, 내구성, 내마모성, 내화학성이 크다. • 압축강도가 크고 불연성이다. • 외관이 장중하고 미려하며 갈면 광택이 난다.
단점	• 가공이 쉽지 않고 가공시간도 오래 걸려 공사기간이 길어진다. • 고가이며 공사비가 많이 든다.

(2) 석재의 성질

압축강도가 크며 인장강도(압축강도의 1/10~1/40 정도)가 약하다.

(3) 석재 가공순서 및 사용공구

혹두기(쇠메) – 정다듬(정) – 도드락다듬(도드락망치) – 잔다듬(날망치) – 갈기

(4) 석재 붙임공법

① 습식 공법

석재 뒷면에 모르타르를 주입하여 고정하는 방법으로 바탕면과 돌 뒷면과의 거리는 30~40mm를 표준으로 하나 석재의 두께가 일정하지 않을 때에는 10~50mm 정도로 한다.

② 건식 공법

- 습식 공법 사용 시 백화현상이 발생할 확률이 높은 결점을 보완하기 위해 볼트와 철물로 판석을 고정하는 방법으로 외벽단열을 겸한 외장공사에 주로 사용한다.
- 건식 석재붙임에 사용되는 앵커(앵글, 조정판), 근각볼트, 너트, 와셔, 핀, 데파볼트, 캡(슬리브) 등을 사용한다.
- 석재 두께 30mm 이상을 사용하며, 구조체에 고정하는 앵글은 석재의 중량에 의하여 하부로 밀려나지 않도록 구조체와 앵글 사이에 끼우고 너트를 단단히 조인다.
- 종류 : 본드공법, 앵커 긴결공법, 강재트러스 지지공법

(5) 석재 표면 마무리공법

① 특수공법 : 모래분사법, 버너구이법, 플래너마감법
② 인조석 마무리공법 : 잔다듬, 물갈기, 씻어내기

(6) 석재 시공 시 주의사항

① 가공 시 예각을 피한다.

② 운반, 취급상 제한을 생각하며 최대 치수를 구한다.

③ 산지가 같아도 성분 색상이 다를 수 있어 공급량을 확인한다.

④ 1m³ 이상 석재는 높은 곳에 사용하지 않는다.

(7) 석재 쌓기방법

막돌쌓기, 마름돌쌓기, 바른층쌓기, 허튼층쌓기 등

① **바른층쌓기** : 돌의 면 높이를 같게 하여 가로줄눈이 일직선이 되도록 쌓는 방법

② **허튼층쌓기** : 불규칙한 돌들을 사용하여 가로세로 줄눈을 맞추지 않고 흩트려 쌓는 것으로 막쌓기

01 석재 건식 방법의 종류를 2가지 쓰시오.

①

②

◉ ① 본드공법 : 규격재의 석재에 에폭시 본드 등을 붙여서 마감하는 공법
② 앵커긴결공법 : 건물 구조체에 단위 석재를 앵커와 파스너에 의해 독립적으로 설치하는 공법으로 앵커체가 단위재를 지지하기 때문에 상부하중이 하부로 전달되지 않는다.
그 외
③ 강재트러스 지지공법

02 석재의 가공방법을 순서대로 나열하시오.

혹두기 –(　　　)– 도드락다듬 –(　　　　)– 갈기(광내기)

◉ 혹두기 –(정다듬)– 도드락다듬 –(잔다듬)– 갈기(광내기)

03 석재의 표면 마무리공법에 대하여 서술하시오.

(1) 버너구이법(화염분사법) :

(2) 플래너마감법 :

◉ (1) 버너구이법(화염분사법) : 석재면을 달군 다음 찬물을 뿌려 급랭시켜 표면을 거친 면으로 마무리하는 공법
(2) 플래너마감법 : 석재 표면을 기계로 갈아서 평탄하게 마무리하는 공법

04 석재 가공이 완료되었을 때 가공검사항목 4가지를 쓰시오.

①

②

③

④

◉ ① 마무리된 치수의 정확도 검사
② 측면모서리의 직각 바르기 검사
③ 노출된 전면의 평활성 검사
④ 다듬기상태의 일정한 정도 검사

05 다음에서 설명하고 있는 석재를 〈보기〉에서 골라 쓰시오.

| 보기 |

┌─────────────────────────────────────┐
│ 화강암, 안산암, 사문암, 사암, 대리석, 화산암 │
└─────────────────────────────────────┘

(1) 강도는 높지만 내화성이 낮고 풍화되기 쉬우며 산에 약하기 때문에 실외용으로 적합하지 않다.(　　　)

(2) 수성암의 일종으로 함유광물의 성분에 따라 암석의 질, 내구성, 강도에 현저한 차이가 있다.(　　　)

(3) 강도, 경도, 비중이 크고, 내화력이 우수하여 구조용 석재로 쓰이지만 조직 및 색조가 균일하지 않고 석리가 있기 때문에 채석 및 가공이 용이하지만 대재를 얻기 어렵다.(　　　)

◉ (1) 대리석
(2) 사암
(3) 안산암

06 석재 백화현상 발생원인 3가지를 쓰시오.

①   ②   ③

○ ① 시공상 불량
② 재료 결합
③ 설계 미비

≫ 참고

백화현상
• 벽체에 침투된 물이 모르타르 중 석회분과 결합한 후 증발되면서 발생 • 모르타르 속의 소석회가 공기 중의 탄산가스와 화학반응 하여 발생 • 벽돌 속의 황산나트륨이 공기 중의 탄산가스와 화학반응 하여 발생

07 석공사에서 석재의 접합에 사용되는 연결철물의 종류 3가지를 쓰시오.

①   ②   ③

○ ① 은장   ② 꺾쇠   ③ 촉

※ 은장 : 두 부재의 면을 파고 양쪽 부재가 벌어지지 않게 끼워 넣는 나비모양의 긴 철물

08 석재공사 시 시공상 주의사항 3가지를 쓰시오.

①
②
③

○ ① 인장력에 약하므로 압축력을 받는 곳에만 사용한다.
② 석재는 중량이 크므로 운반, 취급상의 제한을 고려하여 최대치수를 정한다.
③ 산지에 따라 같은 부류의 석재라도 성분과 색상 등의 차이가 있으므로 공급량을 확인한다.
그 외
④ $1m^3$ 이상이 되는 석재는 높은 곳에 사용하지 않는다.
⑤ 내화성능이 필요한 곳에는 열에 강한 것을 사용한다.
⑥ 가공 시 예각을 피한다.

09 석재 건식 공법 중 앵커긴결공법의 특징 3가지를 쓰시오.

①
②
③

○ ① 동절기 시공이 가능하며 백화현상 방지에 유리하다.
② 실링재의 내구성, 내후성 등을 검토할 필요가 있다.
③ 구조체와 석재면 사이에는 70~80mm 정도의 간격이 필요하므로 사전에 공간치수에 대한 고려가 필요하다.
그 외
④ 파스너 설치방식에 따라 싱글파스너, 더블파스너 방식으로 구분할 수 있다.

10 다음 내용을 보고 알맞은 내용을 〈보기〉에서 찾아 괄호 안을 채우시오.

| 보기 |

점판암, 대리석, 화강암, 사암, 응회암, 안산암

(1) 석회석이 변화한 것으로 실내장식용으로 많이 사용하는 것(   )
(2) 내구성 및 강도가 강하고 대재를 얻기 힘든 것(   )
(3) 재질이 치밀하고 지붕 외부에 사용하는 것(   )

○ (1) 대리석
(2) 안산암
(3) 점판암

❶ 타일공사

- 청결, 방수, 바탕보호 등의 목적을 가지며 다양한 색상과 패턴을 통하여 실내공간의 아름다움을 나타내며 대량생산이 되고 내구성, 비흡수성, 내화성, 경량성이 우수하다.
- 타일 박락 방지검사(시공 후 검사) : 인장시험법, 주입시험법

(1) 타일의 종류

종류	내용	용도
자기질 타일	• 1,400℃ 정도의 고온으로 소성시켜 만든 타일 • 흡수율이 거의 없고(1% 이하) 경도가 높아 견고하며 두드리면 금속성의 맑은 소리가 난다.	내장용, 외장용, 바닥용, 모자이크타일용
석기질 타일	• 1,350℃ 정도의 고온으로 소성시켜 만든 타일 • 흡수율이 거의 적으며(10% 이하) 경도가 비교적 높아, 유색 불투명으로 내구성이 높다.	내장용, 외장용, 바닥용, 클링커타일용
도기질 타일	• 1,200℃ 정도의 고온으로 소성시켜 만든 타일 • 흡수율이 높고(10% 이상) 다공질로서 경도가 낮으며 표면의 마모와 충격에 약하다.	내장용

※ 소성온도 및 흡수율 비교
- 소성온도 : 자기 > 석기 > 도기 > 토기
- 흡수율 : 토기 > 도기 > 석기 > 자기

(2) 타일의 용도

구분	내용	종류
외장용 타일	• 내장에 비해 강하고 흡수율이 낮다. • 강한 접착을 위해 뒷발의 요철이 크다. • 동해에 강하고 내벽용으로도 쓰인다.	자기질, 석기질
내장용 타일	• 흡수성이 약간 있으며 대체로 외관이 아름답다. • 타일표면에 문양 프린트가 가능하다. • 동해에 약해 외장용으로 사용할 수 없다.	도기질, 석기질
바닥용 타일	• 경질이고 흡수성이 적고 표면이 미끄럽지 않아야 한다. • 두께가 두꺼우며 흡수성이 작은 것을 사용한다.	자기질, 석기질

(3) 타일 나누기

시각적 영향을 주므로 시공될 타일이 결정되면 벽체 또는 바닥의 치수를 실측하여 타일 나누기를 해야 하며 주의사항은 다음과 같다.
- 바름두께를 감안하여 실측하고 작성
- 장수, 크기, 이형 설치 위치를 명시
- 타일규격과 줄눈을 포함한 값을 기준규격으로 함

- 온장을 쓸 수 있도록 계획함
- 반절 이하의 것은 쓰지 않도록 함

(4) 타일 붙이기

① 타일 줄눈(단위 : mm)

타일구분	대형(외부)	대형(내부)	소형	모자이크
줄눈(mm)	9mm	5~6mm	3mm	2mm

② 타일 붙이기 순서

바탕처리 → 타일 나누기 → 타일 붙이기 → 치장줄눈 → 보양

③ 벽타일붙임 공법

떠붙임 공법	• 소형, 중형 타일 붙이기에 쓰는 공법이다. • 타일 뒷면에 붙임 모르타르를 바르고 타일손으로 적당히 눌러 붙여 흙손으로 두드려 턱지지 않게 줄바르게 붙여 나간다. • 하루 붙임 높이는 120~150cm를 표준으로 한다. (장점) 바탕 고르기가 간단하고 타일면을 조정할 수 있다. (단점) 숙련공이 필요하며 공사기간이 길고 인건비 부담이 높다.
압착붙임 공법	• 중형타일을 한 장씩 낱장으로 붙일 때 쓰는 공법이다. • 바탕콘크리트 위에 바탕 모르타르를 30~40mm 실시하여 그 위에 붙이는 붙임 모르타르를 5~7mm 바르고, 다시 비벼 넣는 것처럼 나무망치로 고르는 공법이다. • 1회 붙임면적은 1.2m²를 표준으로 하고 붙임시간은 15분 이내로 한다. (장점) 시공 능률이 높아 공기를 단축할 수 있으며 시공비가 저렴하고 접착력이 양호하다. (단점) 바탕고르기에 정밀도가 필요하며 횡착공법으로 시공되면 타일탈락의 원인이 된다.
개량압착 공법	• 대형타일을 벽체에 한 장씩 낱장으로 붙일 때 쓰는 공법이다. • 붙임 모르타르를 바탕면에 3~6mm 정도로 평탄하게 바른다. • 1회 바름면적은 1.0m² 이하로 하고, 붙임시간은 30분 이내로 한다. (장점) 접착력이 양호하고 백화를 방지할 수 있다. (단점) 시공에 숙련이 필요하고 공사기간이 느려 인건비 부담이 높다.
접착제붙임 공법	• 붙임 바탕면은 여름에는 1주 이상, 기타계절에는 2주 이상 충분히 건조하고 바탕이 고르지 않을 때는 접착제에 충전재를 혼합하여 바탕을 고른다. • 접착제의 바름면적은 2m² 이하로 하여 접착제용 빗살 흙손으로 눌러 바르고 타일을 붙인 후 환기한다. • 타일의 무게는 1장당 200g, 판형인 경우 판형당 1,300g 이하이어야 한다. (장점) 석고보드, 합판 등 건식 바탕에 시공이 가능하며 가장 빠르고 간단하다. (단점) 외장에 사용할 수 없고, 바탕이 평탄해야 한다.

※ 거푸집면 타일 먼저 붙이기 공법 : 타일시트법, 줄눈대법, 줄눈틀법

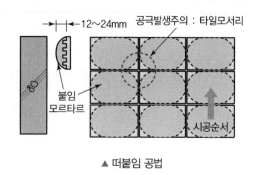

▲ 떠붙임 공법

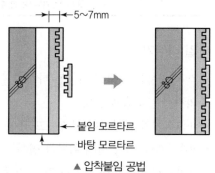
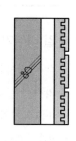

▲ 압착붙임 공법

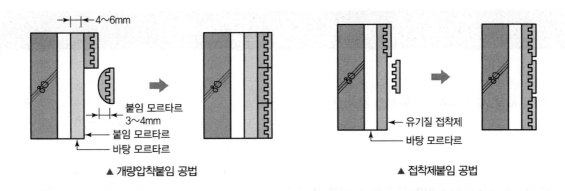

▲ 개량압착붙임 공법   ▲ 접착제붙임 공법

(5) 타일 시공 시 주의사항

① 타일 박리현상

ㄱ 원인

- 붙임시간을 불이행했을 경우(20분 이내로 타일을 붙여야 한다)
- 압착공법 시 붙임 모르타르 두께를 얇게 했을 경우
- 줄눈의 간격을 좁게 하고 줄눈에 모르타르를 넣지 않은 경우
- 타일의 뒷발의 상태가 불량한 경우

ㄴ 방지법

- 적절한 보양 후 줄눈을 수밀하게 시공한다.
- 타일의 붙임시간을 준수하여 접착면적이 넓은 압출형 타일을 사용한다.
- 모르타르 배합비를 정확하게 하며 바름두께를 균일하게 한다.

② 타일 동해현상

ㄱ 원인

줄눈을 통해 타일의 배면으로 수분이 흡수되거나 도기질 타일을 외장에 붙였을 경우 타일이 수분을 흡수했다가 얼어붙어 떨어지거나, 균열이 생겨 표면이 갈라지는 현상이다.

ㄴ 방지법

- 소성온도가 높은 타일을 사용한다.
- 흡수성이 낮은 타일을 사용한다.
- 붙임용 모르타르 배합비를 정확히 한다.
- 줄눈 누름을 충분히 하여 빗물의 침투를 방지한다.

③ 타일 시공 시 고려사항 : 타일의 성질, 시공의 위치, 기후조건

(6) 타일공사 Open Time

타일의 접착력을 확보하기 위해 모르타르를 바른 후 타일을 붙일 때까지 소요되는 붙임시간으로, 보통 내장타일은 10분, 외장타일은 20분 정도의 Open Time을 갖는다.

01 타일 시공 시 동결현상 4가지를 쓰시오.

①   ②   ③   ④

> ① 박리   ② 균열
> ③ 백화현상   ④ 분열

02 다음 중 사용위치별 타일의 줄눈 두께를 쓰시오.

(1) (대형)외부타일(   )

(2) (대형)내부타일 (   )

(3) 소형타일(   )

(4) 모자이크타일 (   )

> (1) (대형)외부타일(9mm)
> (2) (대형)내부타일(6mm)
> (3) 소형타일(3mm)
> (4) 모자이크타일(2mm)

03 타일의 동해 방지법을 4가지 쓰시오.

①

②

③

④

> ① 소성온도가 높은 타일을 사용한다.
> ② 흡수성이 낮은 타일을 사용한다.
> ③ 붙임용 모르타르 배합비를 정확히 한다.
> ④ 줄눈 누름을 충분히 하여 빗물의 침투를 방지한다.

04 벽타일 붙이기 순서는 (   )에서 (   )로 붙여 올라간다.

> 벽타일 붙이기 순서는 (밑)에서 (위)로 붙여 올라간다.

05 타일공사에서 Open Time을 설명하시오.

> 타일의 접착력을 확보하기 위해 모르타르를 바른 후 타일을 붙일 때까지 소요되는 붙임시간으로, 보통 내장타일은 10분, 외장타일은 20분 정도의 Open Time을 갖는다.

06 다음 타일 붙이기 작업을 알맞은 순서대로 나열하시오.

| 보기 |

> ① 치장줄눈   ② 타일 나누기
> ③ 벽타일 붙이기   ④ 바탕처리
> ⑤ 보양

> ④ 바탕처리 – ② 타일 나누기 – ③ 벽타일 붙이기 – ① 치장줄눈 – ⑤ 보양

07 타일 나누기 작업 시 주의사항 3가지를 설명하시오.

①

②

③

> ① 바름두께를 감안하여 실측하고 작성한다.
> ② 매수, 크기, 이형물의 위치를 명시한다.
> ③ 타일규격과 줄눈을 포함한 값을 기준규격으로 한다.

08 타일 붙이기 시공방법 중 개량압착 공법에 대하여 서술하시오.

평탄한 바탕 모르타르 위에 붙임 모르타르를 바르고, 타일 뒷면에 붙임 모르타르를 얇게 발라 두드려 누르거나 비벼 넣으면서 붙이는 공법이다.

09 타일의 시공상 결함 중 박락의 원인에 대해 5가지를 쓰시오.

①
②
③
④
⑤

① 붙임 모르타르의 접착강도 부족
② 바름두께의 불균형
③ 붙임시간의 불이행
④ 바탕재와 타일의 신축, 변형, 팽창도 차이
⑤ 모르타르 충진(충전) 불충분

10 타일 붙이기 공법 3가지를 쓰시오.

①
②
③

① 떠붙임 공법
② 압착 공법
③ 개량압착 공법
그 외
④ 접착제붙임 공법

❶ 미장공사

벽, 천장, 바닥 등에 모르타르, 회반죽 등을 바르는 마무리 공사이다. 벽돌이나 블록을 쌓은 후 시멘트 모르타르를 바르는 작업이 일반적이고 시멘트 모르타르 등의 바탕면에 회반죽 등을 바르는 것이다.

(1) 미장재료의 분류

① 기경성 : 수중에 경화하지 않고 공기 중에 완전히 경화하는 시멘트(18세기 이전에 가장 많이 사용됨)로, 진흙 바름, 회반죽, 회사벽 바름, 돌로마이트 플라스터(마그네시아 석회) 등이 있다.

② 수경성 : 공기, 물속에서도 경화하는 시멘트로, 순석고 플라스터, 혼합석고 플라스터, 경석고 플라스터(킨즈 시멘트), 시멘트 모르타르 바름, 인조석 바름(테라초) 등이 있다.

(2) 미장공사 시 주의사항

① 양질의 재료를 사용한다.

② 배합은 정확하게, 혼합은 충분하게 한다.

③ 바탕면을 거칠게 하고 적당한 물축임을 해둔다.

④ 바름두께는 균일하게 시공한다.

⑤ 초벌 후 재벌까지의 기간을 충분히 잡는다.

⑥ 급격한 건조 및 진동을 피한다.

⑦ 시공순서 : 천장 → 벽 → 바닥

(3) 미장공사 시공순서

바탕처리 → 초벌 바름 → 재벌 바름(고름질) → 정벌 바름 → 마감

① 바탕처리 : 마감두께를 고르게 덧바르거나 깎아내어 균등하게 하는 것

　바탕의 종류 : 콘크리트바닥, 조적 바탕, 석고보드 바탕

② 고름질 : 미장공사에서 바탕면을 고르게 하는 것

③ 눈먹임 : 인조석 갈기 또는 테라초 현장갈기의 갈아내기 공정에서 작업면의 종석이 빠져나간 구멍 부분 및 기포를 메우기 위해 그 배합에서 종석을 제외하고 반죽한 것을 작업면에 발라 밀어 넣어 채우는 것

④ 덧먹임 : 바르기의 접합부 또는 균열의 틈새, 구멍 등에 반죽된 재료를 밀어 넣어 때워주는 것

⑤ 라스먹임 : 메탈라스, 와이어라스 등의 바탕에 모르타르 등을 최초로 바르는 것

(4) 시멘트 모르타르 바름

기성배합 또는 현장배합의 시멘트, 골재 등을 주재료로 한 시멘트 모르타르를 벽, 바닥, 천장 등에 바른다.

① 시공순서

재료의 비빔 및 운반 → 초벌 바름 및 라스먹임 → 고름질 바름 → 재벌 바름 → 정벌 바름 → 쇠흙손 마무리 → 나무흙손 마무리 → 솔질 마무리

② 바름두께의 표준(단위 : mm)

바탕	바름부분	바름두께	오차
콘크리트, 콘크리트블록 벽돌면	바닥	24	바탕면의 상태에 따라 ±10%의 오차를 둘 수 있다.
	내벽	18	
	천장	15	
	차양	15	
	바깥벽	24	
라스바탕	내벽	18	
	천장	15	
	차양	15	
	바깥벽	24	

(5) 회반죽 바름

① 정의 : 석회, 회반죽 등의 두께를 벽면 15mm, 천장면 12mm 정도로 바르고 표면에 자유롭게 문양을 만드는 마무리 미장재이다.

② 재료 : 소석회, 모래, 여물, 해초풀

③ 장단점

장점	내수성과 접착력이 좋아 시공부위에 제한이 없다.
단점	내수성이며 접착력이 약하고 문양이 없다.

④ 시공순서

바탕처리 → 재료의 조정 및 반죽 → 수염 붙이기 → 초벌 → 고름질, 덧먹임 및 재벌 바름 → 정벌 바름

⑤ 시공 시 주의사항
- 심한 통풍이나 강한 일사광선은 피한다.
- 실내온도 2℃ 이하 시 공사를 중단한다.
- 실내온도 5℃ 이상으로 난방, 유지한다.
- 작업 중에는 통풍이 없게 한다.
- 실내를 밀폐하지 않고 가열과 동시에 환기하여 바름면이 서서히 건조되도록 한다.

(6) 인조석 바름

① 정의 및 시공방법

시멘트, 종석, 돌가루, 모래 등을 주재료로 한 벽면 및 바닥면에 바르는 인조석 바름 및 테라초 바름을 말하며 테라초 바르기의 줄눈 나누기는 1.2m² 이내로 하며, 최대 줄눈 간격은 2m 이하로 한다.

② 시공순서

재료의 비빔 → 줄눈대 설치 → 초벌 바름 → 정벌 바름 → 마감 → 양생 및 보양

③ 재료 : 백시멘트, 돌가루(종석), 안료, 물

④ 황동줄눈대

    ㉠ 규격 : 황동줄눈대의 크기는 높이 15mm, 황동줄눈대의 폭 4.5mm, 황동머리두께 3mm 정도로 한다.

    ㉡ 설치목적

- 재료의 수축, 팽창에 대한 균열 방지
- 바름 구획의 구분
- 보수 용이
- 간격은 최대 2.0m 이하, 보통 90cm(면적 1.2m²)

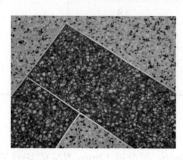 

(7) 셀프 레벨링 바름

① 정의

평탄하지 않은 콘크리트 바닥면에 사용하는 것으로 석고계, 시멘트계가 있으며, 자체 유동성이 있기 때문에 평탄하게 되는 성질을 이용하여, 바닥마름질 공사 등에 사용하는 재료이다.

② 혼화재료 : 유동화제, 경화지연제

③ 시공순서

표면처리 → 프라이머 → 셀프 레벨링재 타설 → 양생 → 1차 코팅 → 2차 코팅

④ 시공 시 주의사항

- 셀프 레벨링재의 표면에 물결무늬가 생기지 않도록 창문 등은 밀폐하여 통풍과 기류를 차단한다.
- 셀프 레벨링재 시공 중이나 시공완료 후 기온이 5℃ 이하가 되지 않도록 한다.
- 석고계 셀프 레벨링재는 물이 닿지 않는 실내에서만 사용한다.
- 재료는 밀봉상태로 건조해 보관해야 하며, 직사광선으로부터 보호해야 한다.

01 회반죽의 재료 종류 4가지를 쓰시오.

①   ②   ③   ④

⊙ ① 소석회   ② 모래
    ③ 여물   ④ 해초풀

02 셀프 레벨링(SL : Self Leveling)재에 대해 간단히 설명하시오.

⊙ 셀프 레벨링재는 석고계, 시멘트계가 있으며, 자체 유동성이 있기 때문에 평탄하게 되는 성질을 이용하여, 바닥마름질 공사 등에 사용하는 재료이다.

03 다음은 미장공사에 대한 기술이다. 알맞은 용어를 〈보기〉에서 골라 연결하시오.

| 보기 |

① 바라이트   ② 라스먹임   ③ 덧먹임

(1) 메탈라스, 와이어라스 등의 바탕에 최초로 발라 붙이는 작업(   )

(2) 방사선 차단용으로 시멘트, 바라이트 분말, 모래를 섞어 만든다.
(   )

(3) 바르기의 접합부 또는 균열의 틈새, 구멍 등에 반죽된 재료를 밀어 넣는 작업(   )

⊙ (1) ② 라스먹임
    (2) ① 바라이트
    (3) ③ 덧먹임

04 다음 〈보기〉는 미장공사에 사용되는 재료이다. 이 중에서 알칼리성을 갖는 것을 골라 기호를 쓰시오.

| 보기 |

① 석회석 플라스터   ② 시멘트 모르타르
③ 순석고 플라스터   ④ 돌로마이트 플라스터
⑤ 회반죽   ⑥ 경석고 플라스터

⊙ ② 시멘트 모르타르
    ④ 돌로마이트 플라스터
    ⑤ 회반죽

05 시멘트 모르타르(Mortar)의 바름두께를 해당 답란에 답하시오.

(1) 바닥 : (   )

(2) 안벽 : (   )

(3) 바깥벽 : (   )

(4) 천장 : (   )

⊙ (1) 바닥 : 24mm
    (2) 안벽 : 18mm
    (3) 바깥벽 : 24mm
    (4) 천장 : 15mm

06 회반죽에서 해초풀의 역할과 기능에 대하여 4가지를 쓰시오.

①   ②   ③   ④

<table>
<tr><td>① 점도 증대</td></tr>
<tr><td>② 부착력 증대</td></tr>
<tr><td>③ 강도 증대</td></tr>
<tr><td>④ 균열 방지 효과</td></tr>
</table>

07 미장재료에서 사용되는 여물 3가지를 쓰시오.

①   ②   ③

① 짚여물
② 삼여물
③ 종이여물
그 외
④ 털여물

08 다음 실내면의 미장 시공순서를 기입하시오.

실내 3면의 시공순서는 (①), (②), (③)의 시공순서로 공사한다.

①   ②   ③

① 천장 ② 벽 ③ 바닥

09 다음 ( ) 안에 알맞은 것을 〈보기〉에서 골라 기호를 쓰시오.

| 보기 |

㉮ 밑   ㉯ 위

미장 바르기 순서는 (①)에서부터 (②)의 순으로 한다. 또한 벽타일 붙이기는 (③)에서부터 (④)의 순으로 한다.

①   ②   ③   ④

① ㉯   ② ㉮
③ ㉮   ④ ㉯

10 바닥에 설치하는 줄눈대의 목적을 2가지만 쓰시오.

①
②

① 재료의 수축, 팽창에 대한 균열 방지
② 바름구획의 구분
그 외
③ 보수 용이

❶ 목공사

구조적인 면의 목공사와 마감측면의 목공사로 나눌 수 있으며 마감공사와 현장 가구공사의 비중이 상대적으로 높아지고 있다. 수장재로 쓰이는 목재는 결, 무늬, 빛깔 등이 아름답고 변형이 작고 질긴 것이어야 한다. 목재의 함수율은 특별히 정하지 않았을 때 12~18% 범위로 15% 이하가 이상적이다.

(1) 목재의 특성

장점	• 재료의 비중에 비해 인장강도가 크다. • 가공성과 시공성이 우수하다. • 열전도율이 작다. • 외관이 미려하여 마감재와 가구재로 우수하다.	단점	• 가연성이므로 화재에 약하다. • 습기에 약하여 신축변형이 되기 쉽다. • 비내구적이며 부식성이 크다. • 심재보다 변재의 수축률이 크며 변재가 잘 갈라진다. • 옹이, 썩음, 송진구멍 등으로 인한 재료 자체의 조직적인 결함이 있다.

(2) 목재의 가공

① 순서

반입, 건조, 먹매김, 마름질, 바심질, 세우기 등의 유동성 작업에 착오가 없도록 순서대로 진행한다.

㉠ 먹매김 : 마름질, 바심질을 하기 위해 먹줄 및 표시 도구를 사용하여 가공형태를 한 것

㉡ 마름질 : 목재를 크기에 따라 각 부재의 소요 길이로 잘라내는 일

㉢ 바심질 : 구멍뚫기, 홈파기, 면접기 및 대패질로 목재를 다듬는 일

㉣ 모접기 : 나무, 석재의 면을 깎아 밀어서 두드러지게 또는 오목하게 하여 모양지게 하는 것

② 가공 시 주의사항

• 엇결, 옹이, 갈라짐 등의 결함이 없는 곳을 가공위치로 한다.

• 이음 또는 맞춤은 응력이 크게 작용하는 위치에 두지 않는다.

• 심재, 변재의 건조 시 변형을 고려한다.

• 압축재의 접착면은 밀착되도록 가공의 정밀도를 높인다.

• 치장부분은 먹줄이 남지 않게 대패질한다.

• 볼트구멍은 볼트지름보다 3mm 이상 크게 뚫어서는 안 된다.

③ 방부처리 방법 : 침지법, 표면탄화법, 상압주입법, 가압주입법, 생리적 주입법

④ 인공건조법 : 훈연법, 증기법, 진공법, 열기법, 고주파건조법

(3) 목재의 접합법

① 이음

㉠ 정의 : 재의 길이방향으로 부재를 길게 접합하는 것

㉡ 종류 : 심이음, 내이음, 베개이음

② 맞춤

    ㉠ 정의 : 재와 서로 직각 또는 경사지게 접합하는 것

    ㉡ 종류 : 박턱맞춤, 걸침턱맞춤, 안장맞춤, 주먹장맞춤, 반연귀맞춤, 밖촉연귀맞춤, 안촉연귀맞춤, 사개연귀맞춤

③ 시공 시 주의사항

- 큰 인장과 압축을 받지 않는 곳에서 할 것
- 응력방향에 직각으로 할 것
- 적게 깎아서 약해지지 않게 할 것
- 모양, 형태에 치중하지 말고 간단하게 할 것

(4) 목재의 구조

① 1층 마루깔기

    ㉠ 동바리 마루 : 동바리돌 → 동바리 → 멍에 → 장선 → 마루널

    ㉡ 납작마루 : 동바리돌 → 멍에 → 장선 → 마루널

    ㉢ 이중 깔기 : 동바리 → 멍에 → 장선 → 밑창널 깔기 → 방수지 깔기 → 마루널 깔기

② 2층 마루깔기

    ㉠ 짠마루 : 큰보 위에 작은보, 그 위에 장선을 걸고 마루널을 깐 것(큰보 → 작은보 → 장선 → 마루널)

    ㉡ 보마루 : 보를 걸고 그 위에 장선을 걸친 후 마루널을 깐 것(보 → 장선 → 마루널)

    ㉢ 홑마루 : 보나 멍에를 쓰지 않고 층도리와 칸막이도리에 장선을 걸쳐 그 위에 널을 깐 것(장선 → 마루널)

③ 목재 반자틀 시공순서

    달대받이 – 반자돌림대 – 반자틀받이 – 달대 – 반자널

(5) 목재패널의 종류

① 징두리판벽 : 벽 하부에서 1~1.5m 정도의 높이에 판재 등을 붙이는 벽

② 코펜하겐 리브 : 두꺼운 판의 표면을 자유 곡면 형태의 여러 가지로 가공하여 강당, 극장, 집회장 등에 음향조절 효과와 장식효과로 사용하는 것

③ 양판 : 걸레받이와 두겁대 사이에 끼우는 널판

④ 합판 : 3매 이상의 얇은 나무판을 1매마다 섬유방향에 직교하도록 접착제로 겹쳐서 붙여 놓은 보드

⑤ MDF(중밀도 섬유판) : 목재, 짚 등의 식물 섬유질을 주원료로 하여 판자 모양으로 접착한 보드

⑥ 파티클보드 : 목재의 작은 조각 부스러기도 합성수지 접착제를 첨가하여 열압한 보드

장점	• 가공성이 좋고, 강도 방향성이 없다. • 큰 면적판을 만들 수 있다. • 표면이 평탄하고 균일하다. • 방충 · 방부성이 있다.

⑦ 집성목재 : 두께 15~50mm의 판재 10장을 겹쳐서 접착하여 만든 것

장점	• 큰 단면, 긴 부재를 만드는 것이 가능하다. • 필요에 따라 아치와 같은 굽은 부재를 만들 수 있다. • 목재의 강도를 인위적으로 조절할 수 있다. • 응력에 따라 필요한 단면을 만들 수 있다.

(6) 접합철물

① 못

- 못의 지름은 목재 두께의 1/6 이하로 하고 못의 길이는 측면 부재 두께의 2~4배 정도로 한다.
- 경사 못박기를 하는 경우에 못은 부재와 약 30도의 경사각을 갖도록 한다.
- 부재의 끝 면에서 못 길이의 1/3 되는 지점에서부터 못을 박기 시작한다.

② 꺾쇠

- 양질의 재료를 사용하고 갈고리의 구부림 자리에 정자국, 갈라짐, 찢김 등이 없어야 한다.
- 갈고리는 배부름이 없고 꺾쇠의 축과 갈고리의 중심선과의 각도는 직각이 되어야 한다.
- 갈고리 끝에서 갈고리 길이의 1/3 이상의 부분을 네모뿔형으로 만든다.

③ 볼트

- 목재에 볼트 지름보다 1.5mm 이하로 더 크게 미리 뚫은 구멍에 삽입하여 접합한다.
- 볼트 접합부에 2개 이상의 볼트가 사용되는 경우 볼트를 서로 엇갈리도록 대칭으로 배치한다.

④ 듀벨

목재에서 두재의 접합부에 끼워 볼트와 같이 써서 전단에 견디도록 하는 것

⑤ 기타

- 큰보+작은보 : 안장쇠
- 왕대공+평보 : 감잡이쇠
- 기둥+깔도리 : 주걱볼트

01 목재 인공 건조법 3가지를 쓰시오.

①   ②   ③

⊙ ① 증기법 ② 열기법 ③ 진공법

02 다음에서 설명하는 용어를 쓰시오.

(1) 목재에서 두 재의 접합부에 끼워 볼트와 같이 써서 전단에 견디도록 한 보강철물(   )

(2) 재와 서로 직각으로 접합하는 것 또는 그 자리(   )

(3) 재의 길이방향으로 길게 접합하는 것 또는 그 자리(   )

⊙ (1) 듀벨
(2) 맞춤
(3) 이음

03 집성목재의 장점을 3가지 서술하시오.

①
②
③

⊙ ① 큰 단면, 긴 부재를 만드는 것이 가능하다.
② 필요에 따라 아치와 같은 굽은 부재를 만들 수 있다.
③ 목재의 강도를 인위적으로 조절할 수 있다(응력에 따라 필요한 단면을 만들 수 있다).

04 다음 설명에 해당되는 용어를 기입하시오.

(1) 구멍뚫기, 홈파기, 면접기 및 대패질로 목재를 다듬는 일
(   )

(2) 목재를 크기에 따라 각 부재의 소요 길이로 잘라내는 일
(   )

(3) 마름질, 바심질을 하기 위해 먹줄 및 표시 도구를 사용하여 가공형태를 한 것(   )

⊙ (1) 바심질
(2) 마름질
(3) 먹매김

05 마루널 이중 깔기 순서이다. 괄호 안에 알맞은 용어를 쓰시오.

동바리 – (   ) – (   ) – (   ) – 방수지
깔기 – (   )

⊙ 동바리 – (멍에) – (장선) – (밑창널 깔기)
– 방수지 깔기 – (마루널 깔기)

06 마루공사 시공순서를 나열하시오.

| 보기 |

① 장선	② 합판
③ 멍에	④ 동바리
⑤ 동바리돌	⑥ 마루널

⊙ ⑤ 동바리돌 – ④ 동바리 – ③ 멍에 – ① 장선 – ② 합판 – ⑥ 마루널

07 다음 〈보기〉 중 설명에 맞는 용어를 쓰시오.

| 보기 |

연귀맞춤, 쪽매, 모접기

(1) 나무나 석재의 면을 깎아 밀어서 두드러지게 또는 오목하게 하여 모양지게 하는 것(　　　　　)

(2) 모서리 구석 등에 표면 마구리가 보이지 않도록 45도 각도로 빗잘라 대는 맞춤(　　　　　)

(3) 재를 섬유방향과 평행으로 옆대어 넓게 붙이는 것(　　　　　)

(1) 모접기
(2) 연귀맞춤
(3) 쪽매

08 다음 용어에 대하여 설명하시오.

(1) 징두리판벽(Wainscoting) :

(2) 코펜하겐 리브(Copenhagen Rib) :

(1) 징두리판벽(Wainscoting) : 벽 하부에서 1.2m 정도의 높이에 판재 등을 붙이는 벽
(2) 코펜하겐 리브(Copenhagen Rib) : 두꺼운 판의 표면을 자유 곡면 형태의 여러 가지로 가공하여 강당, 극장, 집회장 등에 음향조절 효과와 장식효과로 사용하는 것

09 다음 설명에 알맞은 목재의 가공 제품명을 기입하시오.

(1) 목재의 작은 조각 부스러기로 합성수지 접착제를 첨가하여 열압 제판한 보드(　　　　　)

(2) 3매 이상의 얇은 나무판을 1매마다 섬유방향에 직교하도록 접착제로 겹쳐서 붙여 놓은 것(　　　　　)

(3) 식물 섬유질을 주원료로 하여 이를 섬유화, 펄프화하여 접착제를 섞어 판으로 만든 것(　　　　　)

(1) 파티클 보드
(2) 합판
(3) 중밀도 섬유판

10 목구조의 횡력에 대한 변형, 이동 등을 방지하기 위한 대표적인 보강 방법 3가지를 쓰시오.

①　　　　　 ②　　　　　 ③

① 가새
② 버팀대
③ 귀잡이(귀잡이보)

11 마루널공사 시 사용되는 쪽매 3가지를 쓰시오.

①　　　　　 ②　　　　　 ③

① 제혀쪽매
② 딴혀쪽매
③ 맞댄쪽매

❶ 유리공사

(1) 유리의 종류 및 용도

① **보통판유리** : 맑은 유리, 투명유리로 창호용으로 사용되며 두께는 2~15mm

② **강화유리** : 보통유리의 3~5배로 강도가 크고 내열성이 있으며 현장 절단, 가공이 어려움

③ **복층유리** : 2장 또는 몇 장의 판유리로 된 것으로 유리와 유리 사이에 질소가스와 건조제를 넣어 단열, 방음, 결로 방지의 효과가 좋다.

④ **접합유리(합판유리)** : 2~3장 또는 2장 이상의 유리판을 합성수지로 붙여댄 것으로 강도가 크며 두께가 두꺼운 것은 방탄유리로 사용하는 유리(자동차용, 건물의 진열창)

⑤ **망입유리** : 유리판 중앙에 철선망을 넣어 만든 유리로 화재나 충격 시 파편이 산란하는 위험을 방지하는 유리

⑥ **로이유리(Low-Emissivity Glass)** : 가시광선을 투사하되 내부열의 외부 방출을 막는 특수유리

⑦ **반사유리** : 반사막이 광선을 차단·반사시켜 실내에서 외부를 볼 때에는 전혀 지장이 없으나 외부에서 거울처럼 보이게 되는 유리

⑧ **기포유리** : 미세한 독립 기포를 고르게 포함하는 비중 0.16~1.3 정도의 가벼운 유리로, 폼글라스라고도 한다. 발포제로서 탄산염 등을 혼합한 유리 가루를 형에 넣고 가열하여 만든다. 불연성의 단열, 차음재로서 사용한다.

※ • 안전유리 : 강화유리, 접합유리, 망입유리
 • 절단 불가능 유리 : 강화유리, 복층유리, 유리블록, 스테인드글라스

(2) 시공 공법

① **유리끼우기 공법** : 반죽퍼티 대기, 나무퍼티 대기, 고무퍼티 대기, 누름대 대기

② **대형유리 시공법**

　㉠ 서스펜션 공법(Suspension Glazing System) : 대형 유리를 멀리온 없이 유리만으로 세우는 공법

　㉡ SSG(Structural Sealant Glazing System) : 건물의 창과 외벽을 구성하는 유리와 패널류를 구조용 실란트(Structural Sealant)를 사용해 실내측의 멀리온, 프레임 등에 접착·고정하는 공법

　㉢ DPG 공법(Dot Point Glazing System) : 4점 지지 유리시공법으로 기존의 프레임을 사용하지 않고 강화유리판에 구멍을 뚫어 특수가공 볼트를 사용하여 유리를 고정하는 법

③ **시공 시 주의사항**

 • 강제 창호용 유리 고정못은 아연도금 강판제로서 두께 0.4mm(#28), 길이 9mm 내외로 한다.
 • 강제 창호용의 유리 고정용 클립은 직경 1.2mm의 강선이나 피아노선으로 한다.
 • 4℃ 이상의 기온에서 시공하여야 하며, 더 낮은 온도에서 시공해야 할 경우, 실란트 시공 시 피접착 표면은 반드시 용제로 닦은 후 마른 걸레로 닦아낸다.
 • 유리면에 습기, 먼지, 기름 등의 해로운 물질이 묻지 않도록 한다.

❷ 창호공사

- 창과 문의 제작 및 설치에 관한 공사를 말하며 채광, 환기, 출입을 목적으로 개구부에 설치하는 것으로 사용빈도가 많아 고장 및 파손이 발생하기 쉬우므로 우수한 재료를 사용하여 제작해야 한다.
- 재료 : 목재, 강재, 알루미늄합금재, 스테인리스제 등

(1) 목재창호

- 창호재는 변형이 생기지 않도록 건조된 심재를 사용하는 것이 좋으며, 건조 정도와 함수율은 18% 이하로 한다.
- 플러시문의 울거미재는 라왕류, 소나무류, 삼나무류, 낙엽송류 및 잣나무류 등으로 한다.
- 풍서란 : 외부의 바람, 먼지, 소음을 차단하기 위해 창호에 부착하는 것으로 미서기, 여닫이의 풍서란은 고무, 합성수지 개스킷으로 된 것과 금속제 스프링으로 된 것이 있다.

(2) 알루미늄창호

경량으로 가공이 쉬우며 녹슬지 않고 사용연한이 길고 기밀, 수밀성이 좋으며 개폐조작이 경쾌한 장점이 있지만 콘크리트, 모르타르, 회반죽 등의 알칼리에는 매우 약하므로 부식되지 않도록 콘크리트 등에 직접 접촉하는 부분은 합성수지계의 도막처리를 충분히 해야 한다.

(3) 금속창호

① 특징 : 아연도금 철제창호와 스테인리스 스틸창호가 있으며 금속창호는 PVC 창호, 알루미늄창호에 비해 변형이 거의 없고 튼튼하나 기밀성이 부족하다. 금속창호는 조립형태가 아니며 주문제작으로 시공된다.
② 철재 녹막이 도료 4가지 : 광명단, 징크로메이트, 아연분말도료, 알루미늄 분말도료

(4) 개폐방법별 종류

① 여닫이창 : 창문을 한쪽에 정첩을 달아서 여닫을 수 있도록 한 것이다.
② 미닫이창, 미서기창 : 문틀의 위아래에 한 줄로 홈을 파고 창문을 이 홈에 끼워 벽 뒤나 벽 속으로 미닫을 수 있도록 한 것이다
③ 오르내리기창 : 한 장은 바깥 위에, 한 장은 안 밑에 달아 오르내려 위아래가 열리게 되어 공기의 출입을 조절할 수 있다.
④ 회전창 : 회전축을 다는 위치는 창 높이의 중심보다 조금 높은 위치에 좌우를 같은 높이로 하고 원활하게 회전할 수 있도록 한다.
⑤ 붙박이창호 : 개폐할 필요가 없는 창으로 채광이나 외관을 위해 설치하는 고정된 창이다.

(5) 면구성별 종류

① 양판문 : 울거미를 짜고 그 사이에 판자 또는 널을 끼워 넣은 문
② 플러시문 : 울거미를 짜고 중간살을 배치하여 양면에 합판을 붙인 문
③ 비늘살문 : 울거미를 짜고 얇고 넓은 살을 경사지게 빗대어 만든 문
④ 무테문 : 두꺼운 강화유리판 상하에 스테인리스판을 설치하는 문
⑤ 홀딩도어 : 실 크기의 필요에 따라 칸을 막기 위해 만들어진 병풍모양의 문

(6) 창호철물

① **레일** : 미서기 · 미닫이창문의 밑틀에 깔아 대어 문바퀴를 구르게 하는 것
② **플로어힌지** : 보통 경첩으로 유지할 수 없는 무거운 자재 문에 사용
③ **크레센트** : 미서기창이나 오르내리기창을 잠그는 데 사용하는 것
④ **도어체크** : 열린 여닫이문을 저절로 닫히게 하는 장치
⑤ **도어스톱** : 열린 문을 받아 벽을 보호하고 문을 고정하는 장치
⑥ **피벗힌지** : 철문 설치에 쓰이는 것으로 볼 베어링이 들어 있는 것을 사용
※ 개폐작동 시 창호철물 : 플로어힌지, 피벗힌지 도어클로저, 자유정첩, 일반정첩

▲ 레일

▲ 플로어 힌지

▲ 크레센트

▲ 도어체크(클로저)

▲ 도어스탑

▲ 피벗힌지

01 강화유리의 특징 3가지를 쓰시오.

①

②

③

◉ ① 파손 시 마모가 작아 안전하다.
② 강도가 일반 유리에 비해 크다.
③ 일반 유리에 비해 내열성이 있다.
그 외
④ 현장에서 재가공이 어렵다.

02 다음 〈보기〉에서 관계되는 것을 골라 쓰시오.

| 보기 |

① 스테인드글라스	② 프리즘유리
③ 유리블록	④ 복층유리
⑤ 무늬유리	

(1) 한 면이 톱날형의 홈으로 된 판유리(   )

(2) 투명유리로서 상자형으로 열전도율이 작은 유리(   )

(3) 두 장 또는 몇 장의 판유리로 된 것으로 유리와 유리 사이에 질소가스
와 건조제를 넣어 만든 유리(   )

(4) 음각, 양각의 무늬가 새겨져 있어 질감이 좋고 시선 차단효과가 있는
유리(   )

(5) 다채로운 빛깔의 유리로 중세교회의 창에 쓰인 유리(   )

◉ (1) ② 프리즘유리
(2) ③ 유리블록
(3) ④ 복층유리
(4) ⑤ 무늬유리
(5) ① 스테인드글라스

03 취성을 보강할 목적으로 사용되는 유리 중 안전유리로 분류할 수 있는
유리의 명칭을 3가지 쓰시오.

①   ②   ③

◉ ① 강화유리
② 망입유리
③ 접합유리

04 다음 유리의 특성을 쓰시오.

(1) 강화유리 :

(2) 망입유리 :

◉ (1) 강화유리 : 성형 판유리를 500~600
℃로 가열하여 급랭시켜 강도를 높인
유리이다.
(2) 망입유리 : 유리내부에 금속망을 삽
입하여 도난 방지 및 방화문에 사용
한다.

05 복층유리의 특징 3가지를 쓰시오.

①   ②   ③

◉ ① 단열성
② 방음
③ 결로 방지

06 다음 〈보기〉의 설명에 해당하는 철물의 종류를 골라 쓰시오.

| 보기 |

┌───┐
│ 레일, 플로어힌지, 도어스톱, 도어체크, 크레센트 │
└───┘

(1) 미서기 · 미닫이 창문의 밑틀에 깔아 대어 문바퀴를 구르게 하는 것
　　(　　　　)

(2) 미서기창이나 오르내리기창을 잠그는 데 사용하는 것(　　)

(3) 열린 여닫이문을 저절로 닫히게 하는 장치(　　)

(4) 열린 문을 받아 벽을 보호하고 문을 고정하는 장치(　　)

(5) 보통 경첩으로 유지할 수 없는 무거운 자재 문에 사용(　　)

○ (1) 레일
　 (2) 크레센트
　 (3) 도어체크
　 (4) 도어스톱
　 (5) 플로어힌지

07 창호에 필요한 창호철물을 〈보기〉에서 골라 쓰시오.

| 보기 |

┌───┐
│ 레일, 정첩, 도르래, 자유경첩, 지도리 │
└───┘

(1) 여닫이문(　　)　　　　(2) 자재문(　　)

(3) 미닫이문(　　)　　　　(4) 회전문(　　)

○ ① 여닫이문－(정첩)
　 ② 자재문－(자유경첩)
　 ③ 미닫이문－(레일)
　 ④ 회전문－(지도리)

08 다음 용어를 간단히 설명하시오.

(1) 피벗힌지(Pivot Hinge) :

(2) 도어체크(Door Check, Door Closer) :

○ (1) 피벗힌지(Pivot Hinge) : 철문 설치에
　 쓰이는 것으로 볼 베어링이 들어 있는
　 것을 사용한다.
　 (2) 도어체크(Door Check, Door Closer) :
　 여닫이문 상부에 달아 문을 열면 자동
　 적으로 조용히 닫히게 하는 장치이다.

09 알루미늄창호의 특징 3가지를 쓰시오.

①

②

③

○ ① 경량으로 가공이 쉽다.
　 ② 녹슬지 않고 사용연한이 길다.
　 ③ 기밀 및 수밀성이 좋고 개폐조작이 경
　 쾌하다.

10 다음 유리에 대해 설명하시오.

• Low－e 유리

○ 가시광선(빛)을 투과하고 적외선(열선)
　 을 방사하여 내부열이 외부로 방출되는
　 것을 막아주는 유리로, 냉난방의 효율을
　 극대화해준다.

❶ 경량철골공사

경량형강은 얇은 강판을 휨에 대한 단면성이 좋도록 접어 만든 것으로 표면은 녹 방지를 위해 아연도금이 되어 있다.

장점	• 재의 두께가 얇으면서 휨강도가 크고 가볍다. • 가공 및 조립하여 세우기 쉽다. • 불연확보, 건물의 자중감소, 공기단축 효과가 있다.
단점	판두께가 얇아서 판의 국부좌굴이나 국부변형 및 부재의 비틀림 등이 생기기 쉽다.

(1) 벽체구조

① 메탈스터드(Metal Stud)와 러너(Runner) 또는 각파이프로 구성

② 스터드 높이가 4m 이상인 경우 1.8m 간격으로 수평보강 채널로 보강해야 한다.

③ 석고보드는 파손 방지 및 견고한 시공을 위해 2겹 붙임 이상으로 하며, 9.5mm 2겹 붙이기를 한다.

④ 1차 석고보드의 이음매와 2차 석고보드 부착 이음매는 어긋나게 한다.

⑤ 석고보드 부착 시 주의사항

- 보드를 절단하여 시공할 경우에는 절단면을 깨끗이 손질한 후 부착한다.
- 이음매 처리 작업 전에 필히 못이나 나사못 머리가 보드 표면과 일치되었는지 확인한다.
- 콤파운드를 너무 두껍게 바르면 시간이 길어지고 크랙이 발생할 수 있다.
- 석고보드 가장자리는 스터드에 고정되어야 한다.

(2) 천장구조

① LGS 천장 구조틀

- Light Weight Galvanized Structure(경량 아연도금 구조)
- 행거볼트, 행거클립, 캐링찬넬(채널) 엠바, 엠바클립 등으로 구성되어 있으며 내부공간의 천장구조로 범용으로 사용되며 다양한 시스템이 개발되어 있다.
- 시공순서 : 인서트 → 달볼트 → 조절행거 → 캐링찬넬 → 클립 - 엠바(M-bar) → 천장판

② T-Bar System

T-Bar 시스템은 천장의 고급화, 시공의 간편성, 미적 효과의 장점을 이용하여 전시장, 레스토랑 등의 천장에 널리 사용되는 시스템이다. T-Bar의 노출부분에 컬러철판 또는 컬러 알루미늄판을 씌움으로써 격자의 미려함뿐만 아니라 T-Bar를 이용한 다양한 천장을 연출할 수 있다.

장점	• 천장 마감재 보수, 유지 용이 • 천장 내부시설 보수 용이 • 천장 마감재 재활용 가능

③ M-Bar System

M-Bar 시스템은 매립형으로서 Tex를 직접 Bar에 피스로 고정하여 가장 견고하며, 천장전면을 한 면으로 처리할 수 있어 아름다운 공간을 창출한다. 특히, 석고보드와 암면 흡음판 등으로 이중판 붙임을 함으로써 천장판 이음이 밀착되어 우수한 방음효과를 얻을 수 있다.

일반 사무실, 연회장, 회의실, 아파트, 고급주택 등에 널리 사용한다.

01 콘크리트, 벽돌 등의 면에 다른 부재를 고정하거나 달아매기 위해 묻어두는 철물 4가지를 쓰시오.

①   ②   ③   ④

① 익스팬션볼트
② 스크류앵커
③ 인서트
④ 앵커볼트

02 T-bar 시스템의 장점 3가지를 쓰시오

①
②
③

① 천장 마감재의 보수 및 유지 관리가 용이하다.
② 천장 내부 시설의 보수 및 점검이 용이하다.
③ 천장 설비의 시공 및 위치 선정이 용이하다.

03 천장판에 붙이는 재료 종류 4가지를 쓰시오.

①   ②   ③   ④

① 합판
② 석고보드
③ 텍스
④ 목모 시멘트판
그 외
⑤ 테라코타

04 석고보드의 사용 용도에 따른 분류 3가지를 쓰시오.

①   ②   ③

① 일반석고보드
② 방화석고보드
③ 방수석고보드
그 외
④ 미장석고보드

05 다음은 경량철골 천장틀 설치순서이다. 시공순서를 맞게 나열하시오.

| 보기 |

① 달대 설치   ② 앵커 설치   ③ 텍스 붙이기   ④ 천장틀 설치

②-①-④-③

06 건축재료에 있어서 석고보드의 장단점을 각각 쓰시오.

(1) 장점
　①
　②
　③

(2) 단점
　①
　②

(1) 장점
　① 내화성이 크고, 차음성 · 단열성이 있다.
　② 경량이며 신축성이 거의 없다.
　③ 가공이 용이하다
　그 외
　④ 설치 후 도료로 도포할 수 있다.
(2) 단점
　① 강도가 약하다.
　② 파손의 우려가 있다.
　그 외
　③ 습윤에 약하다.

07 건축재료에 있어서 석고보드의 시공 시 주의사항을 2가지 쓰시오.

①

②

① 이음매 처리 작업 전에 필히 못이나 나사못 머리가 보드 표면과 일치되었는지 확인한다.
② 콤파운드를 너무 두껍게 바르면 시간이 길어지고 크랙이 발생할 수 있다.

08 경량철골반자틀 시공순서를 〈보기〉에서 찾아 순서를 나열하시오.

| 보기 |

① 달볼트	② 클립
③ 캐링채널	④ 조절행거
⑤ 인서트	⑥ 천장판

⑤ 인서트 – ① 달볼트 – ④ 조절행거 – ③ 캐링채널 – ② 클립 – ⑥ 천장판

09 경량철골공사에서 벽체틀을 구성하는 것은?

①   ②   ③   ④

① 러너(Runner)
② Carrying Channel(캐링채널)
③ 메탈스터드(Metal Stud)
④ 각파이프

10 경량철골공사의 장점과 단점을 2가지씩 쓰시오.

(1) 장점

①

②

(2) 단점

①

②

(1) 장점
① 재의 두께가 얇으면서 휨강도가 크고 가볍다.
② 가공 및 조립하여 세우기 쉽다.
(2) 단점
① 판두께가 얇아서 판의 국부좌굴이나 변형이 생기기 쉽다.
② 일반 철골조에 비해 기둥간격이 좁고 고층건물의 한계가 있다.

① 금속공사

철과 비철금속 그리고 이들의 2차 제품을 주재료로 하여 제조한 기성 금속물 또는 설계도서에 따라 주문 제작하는 금속물로서 주로 장식, 손상 방지와 도난 방지 및 기타의 목적을 위해 구조물의 다른 부분에 부착 또는 고정하는 공사에 적용한다.

장점	• 내구성이 좋고 견고하다. • 시공성이 좋기 때문에 벽체, 천장공사 등 각종 공정 등이 금속공사로 대체되고 있다.
단점	• 산, 알칼리(시멘트), 해수, 가스, 암모니아에 부식되며 이질금속끼리 접촉 시 부식된다. • 동은 암모니아와 해수에 부식되며, 알루미늄은 염산, 알칼리, 흙, 해수에 부식된다.

- 알루미늄 초벌 녹막이 용도 : 징크로메이트 도료
- 금속재 도장처리방법(인공법) : 탈지법, 세정법, 피막법

(1) 기성용 철물

① 논슬립
  ㉠ 정의 : 계단 디딤판 끝에 금속재 판을 대어 미끄러지는 것을 방지하기 위해 설치하는 철물
  ㉡ 논슬립 시공방법 : 고정매입법, 나중매입법, 접착제법

② 레지스터 : 공기환기구에 사용되는 기성제 통풍 금속물
③ 맨홀 : 하수관 내의 점검이나 청소 등을 위한 출입구에 사용되는 기성제 철물
④ 줄눈대 : 테라초 등의 현장갈기에 사용하거나, 바닥용, 천장 및 벽에 사용하는 철물
⑤ 코너비드
  ㉠ 기둥과 벽 등의 모서리에 설치하여 미장면을 보호하기 위해 설치하는 보호철물
  ㉡ 코너비드는 황동제 및 합금도금 강판, 아연도금 강판, 스테인리스 강판으로 하고, 그 치수와 종별, 형상은 설계도서에서 정한 바에 따른다. 공사시방서에서 정한 바가 없을 때에는 위에 표기한 재료 중 적합한 재료를 선정하고 길이는 1,800mm를 표준으로 한다.

종류	• 황동제, 아연도금 강판, 스테인리스 강판, 합금도금 강판 • 폭 25mm 정도, 길이 35mm 이상의 강판으로 제작하며, 부착간격은 양 끝에서 200mm 내외로 나눈다.

⑥ 와이어메시 : 강선을 직교시켜 전기용접한 철선망으로 장방향의 판형으로 만들며 바닥, 콘크리트용에 사용. 특히, 무근콘크리트의 갈라짐 방지(판의 크기 : 1.2m × 2.4m, 1.5m × 3.0m)
⑦ 와이어라스 : 아연도금한 굵은 철선을 마름모꼴로 엮어서 그물처럼 만든 철만으로 모르타르, 콘크리트 바탕용으로 사용. 특히, 미장초벌이 잘 부착되어 개구부 주위 균열 방지용으로 사용
⑧ 메탈라스 : 얇은 철판에 마름모꼴의 구멍을 연속적으로 뚫어 그물처럼 만든 것으로 천장, 벽, 처마 등의 미장 바탕에 사용

▲ 와이어메시

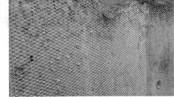
▲ 와이어라스

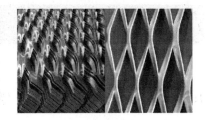
▲ 메탈라스

(2) 고정용 철물

① 인서트 : 콘크리트 바닥판 밑에 설치하여 반자틀을 달아매고자 할 때 고정시키는 철물

② 듀벨 : 목재에서 두재의 접합부에 끼어 전단력을 견디도록 하는 철물

③ 익스팬션볼트 : 확장볼트, 팽창볼트라고도 하며, 콘크리트, 벽돌 등의 면에 띠장, 창문틀, 문틀 등의 다른 부재를 고정하기 위해 묻어 두는 특수 볼트

④ 세트 앵커볼트 : 콘크리트 벽이나 바닥에 구멍을 뚫은 후 볼트를 삽입하여 타격하면 파이프가 벌어지면서 고정되는 나중에 매입되는 앵커볼트(구성요소 : 너트, 볼트, 캡, 평와셔, 스프링와셔)

⑤ 스크류앵커 : 콘크리트, 벽돌, 석고보드 등의 면에 비교적 경량부재를 고정하기 위하여 나중에 매입하는 앵커

⑥ 드라이브 이트 건(Drive it Gun) : 소량의 화약을 써서 콘크리트, 벽돌벽, 강재 등에 드라이브 핀을 순간적으로 박는 기계이다.

(3) 장식용 철물

① 재료분리대(조이너) : 천장, 벽에 보드, 합판 등을 붙이고 그 이음새를 누르는 데 쓰는 철물

② 펀칭메탈(타공철판) : 얇은 금속판에 다양한 모양으로 도려낸 장식철물(두께 0.6mm의 합금도금강판, 도금강판)

▲ 익스팬션볼트

▲ 드라이브 이트 건

▲ 재료분리대(조이너)

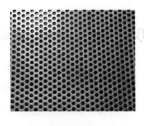
▲ 펀칭메탈(타공철판)

01 다음 괄호 안에 알맞은 철물 명을 쓰시오.

(1) 철선을 꼬아 만든 철망(   )

(2) 얇은 철판에 각종 모양을 도려낸 것(   )

(3) 얇은 철판에 자른 금을 내어 당겨 늘린 것(   )

(4) 연강선을 직교시켜 전기용접한 철선망(   )

> (1) 와이어라스
> (2) 펀칭메탈
> (3) 메탈라스
> (4) 와이어메시

02 다음 괄호 안에 적당한 용어를 쓰시오.

(1) 황동은 동과 (   )을(를) 합금하여 강도가 크며 (   )이(가) 크다.

(2) 청동은 동과 (   )을(를) 합금하여 대기 중에서 (   )이(가) 우수하다.

> (1) 아연, 내구성
> (2) 주석, 내식성

03 다음 용어에 대하여 간략하게 서술하시오.

(1) 논슬립(Non Slip) :

(2) 코너비드(Coner Bead) :

> (1) 논슬립(Non Slip) : 계단을 오르내릴 때 미끄러지는 것을 방지하기 위하여 계단 끝부분에 설치하는 것
> (2) 코너비드(Coner Bead) : 기둥이나 벽 등의 모서리를 보호하기 위하여 대는 것

04 다음 용어에 대해서 간략히 설명하시오.

• 드라이브 이트 건(Drive it Gun)

> 극소량의 화약을 이용하여 콘크리트, 벽 돌면 등에 특수못(드라이브 핀)을 순간적으로 박아대는 공구로 못박기총이라고도 한다.

05 금속공사에서 사용되는 재료에 해당하는 용어를 써 넣으시오.

(1) 두께 0.4~0.8mm 연강판에 일정한 간격으로 그물을 내고 늘려 철망 모양으로 만든 것(   )

(2) 콘크리트 표면에 어떤 구조물 등을 달아매기 위하여 콘크리트를 부어넣기 전에 미리 묻어 넣는 고정철물(   )

> (1) 메탈라스
> (2) 인서트

06 금속공사 중 계단의 미끄럼 방지역할을 하는 논슬립의 시공방법 3가지를 쓰시오.

①   ②   ③

> ① 고정매입법
> ② 나중매입법
> ③ 접착법

07 다음 용어를 설명하시오.

   (1) 와이어메시

   (2) 조이너

○ (1) 와이어메시 : 연강철선을 정방형, 장방형으로 전기용접 하여 콘크리트 바닥다짐의 보강용으로 사용한다.
(2) 조이너 : 천장, 벽 등의 이음새를 감추기 위해 사용한다.

08 콘크리트, 벽돌 등의 면에 다른 부재를 고정하거나 달아매기 위해 묻어두는 철물 4가지를 쓰시오.

   ①   ②   ③   ④

○ ① 익스팬션볼트
② 스크류앵커
③ 인서트
④ 앵커볼트

09 스페이스 프레임에 대하여 기술하시오.

○ 입체트러스라고도 하며 3차원적 프레임 구조를 갖고 있다. 유리시스템을 유지하는 구조적 요소로 쓰이며 주로 체육관, 집회장 경간이 넓은 지붕을 구조적으로 받치며 의장적으로 마무리할 때 사용된다.

10 다음은 금속공사에서 사용되는 기성철물의 설명이다. 해당되는 명칭을 쓰시오.

   (1) 0.6~2.0mm 두께의 저탄소강판에 법랑을 소성한 것으로 외장 및 공중화장실 등에 쓰인다.(   )

   (2) 콘크리트, 벽돌 등의 면에 비교적 경량인 부재를 고정하기 위해 나중에 매입하는 앵커를 말한다.(   )

○ (1) 법랑철판
(2) 스크류앵커

❶ 합성수지공사

합성수지는 플라스틱이라고 하며 열가소성 플라스틱과 열가소성과 열경화성으로 나눠진다.

장점	• 다른 재료에 비해 성형, 가공이 쉬우며 경량이다. • 내수, 내구, 내식, 내후 및 전기 절연성 등이 뛰어나고 착색을 자유롭게 할 수 있다.
단점	• 경도 및 내마모성이 약하다. • 열팽창계수가 크므로 열에 의한 신축변형이 크다.

(1) 열가소성

① 열을 가할 때마다 녹는 것

② 종류 : 염화비닐수지, 초산비닐수지, 폴리비닐수지, 아크릴수지, 폴리아미드수지, 폴리스티렌수지, 불소수지, 폴리에틸렌수지

   ㉠ 염화비닐수지(PVC) : 연질에서 경질까지 조정이 용이하며 난연성이고, 내약품성, 전기 절연성이 우수하다.

   ㉡ 아크릴수지

     • 석유계통의 합성수지로, 특히 투명도가 높아 유리대용품과 채광재로 이용된다.

     • 무기질 유리와 비교하면 비중이 작으므로 가볍고 탄력성이 있어서 파손이 잘 되지 않는다.

     • 착색이 자유롭고 절단 · 가공하기 쉬워 곡면 · 골판 등 자유로운 형태로 사용한다(창유리, 문짝, 스크린, 파티션, 조명기구 등).

     • 열팽창계수가 크므로 열에 의한 신축여유를 고려해야 한다.

     • 열에 의한 경도 변화가 있으므로 50℃(단시간 60℃) 이상 넘지 않도록 주의한다.

     • 아크릴재는 도료용 용재(산성 에스테르, 아세톤류)가 묻지 않도록 한다.

(2) 열경화성

① 열을 가해도 녹지 않는 것(현장에서 가열가공을 해서는 안 된다)

② 종류 : 페놀수지, 요소수지, 멜라민수지, 알키드수지, 폴리에스테르수지, 우레탄수지, 에폭시수지, 실리콘수지

   ㉠ 페놀수지 : 가장 오래된 합성수지접착제로 접착력, 내열성, 내수성이 우수하다. 주로 목재접착에 쓰이며, 유리나 금속의 접착에는 적당하지 않다.

   ㉡ 요소수지 : 무색수지이므로 착색이 자유롭고 내열성이 양호하여 100℃ 이하에서는 연속사용이 가능하다. 노화성이 있어 열탕에는 약하고 공업용보다는 일용품, 장식품에 많이 사용된다.

   ㉢ 멜라민수지 : 투명, 흰색의 액상접착제로 값이 비싸기 때문에 단독사용이 드물고 내수성이 크고, 열에 대해 안정성이 있으며 주로 목재에 사용한다.

   ㉣ 에폭시수지 : 내열성, 전기 절연성, 접착성 등이 뛰어나며, 경화제와 충전제, 보강제 등과 조합하여 사용된다(금속, 유리 및 콘크리트의 구조용 접착제로 콘크리트 균열보수용으로 사용).

(3) 시공 시 주의사항

① 피착제의 표면은 가능한 한 습기가 없는 건조 상태로 한다.

② 용제, 희석제를 사용할 경우 과도하게 희석시키지 않도록 한다.

③ 용제성 접착제는 도포 후, 용제가 휘발한 적당한 시간에 접착시킨다.

④ 에멀션 접착제는 겨울에 얼지 않도록 보온해야 하며 화기에 주의하고 작업장의 환기를 충분히 해야 한다.

⑤ 경화제 및 촉진제를 가해서 사용할 경우에 발열경화가 없도록 혼합 시 규정량을 엄수하여 배합한다.

(4) 제조공법 : 압축성형, 압출성형, 사출성형, 주조성형

01 다음 〈보기〉의 합성수지를 열경화성 수지와 열가소성 수지로 구분하시오.

| 보기 |

① 페놀수지   ② 아크릴수지
③ 폴리에틸렌수지   ④ 폴리에스테르수지
⑤ 멜라민수지   ⑥ 염화비닐수지
⑦ 실리콘수지   ⑧ 푸란수지

(1) 열경화성 수지 :
(2) 열가소성 수지 :

> (1) 열경화성 수지 : ①, ④, ⑤, ⑦, ⑧
> (2) 열가소성 수지 : ②, ③, ⑥

02 합성수지(Plastic)의 성형제조 방법 4가지를 쓰시오.

①   ②   ③   ④

> ① 압축성형   ② 압출성형
> ③ 사출성형   ④ 주조성형

03 동물성 단백질계 접착제 종류 3가지를 쓰시오.

①   ②   ③

> ① 카세인
> ② 아교
> ③ 알부민

04 접착제를 사용할 때 주의사항을 3가지 쓰시오.

①
②
③

> ① 피착제의 표면은 가능한 한 습기가 없는 건조 상태로 한다.
> ② 용제, 희석제를 사용할 경우 과도하게 희석시키지 않도록 한다.
> ③ 용제성 접착제는 도포 후, 용제가 휘발한 적당한 시간에 접착시킨다.

05 플라스틱 재료의 장단점을 2가지씩 기술하시오.

(1) 장점 :
     ①   ②
(2) 단점 :
     ①   ②

> (1) 장점
>   ① 우수한 가공성으로 성형, 가공이 쉽다.
>   ② 내구성, 내식성, 내수성이 강하다 (경량이고 착색이 용이하다).
> (2) 단점
>   ① 경도 및 내마모성이 약하다.
>   ② 열에 의한 신축변형이 크다.

06 바닥 플라스틱제 타일 붙이기 시공순서에 해당하는 알맞은 내용을 쓰시오.

바탕건조 - (   ) - 먹줄치기 - (   ) - 타일 붙이기 - (   ) - 타일면 청소

> 바탕건조 - (프라이머 도포) - 먹줄치기 - (접착제 도포) - 타일 붙이기 - (보양) - 타일면 청소

07 목재에 사용하는 접착제의 종류를 5가지만 쓰시오.

①   ②   ③

④   ⑤

⊙ ① 카세인   ② 아교
③ 요소수지   ④ 페놀수지
⑤ 멜라민수지

08 멜라민수지의 특징을 4가지 쓰시오.

①

②

③

④

⊙ ① 투명, 흰색의 액상접착제로 값이 비싸기 때문에 단독사용은 드물다
② 내수성, 내열성이 크다.
③ 주로 목재에 사용한다.
④ 페놀수지와는 달리 순백색 또는 투명, 흰색이므로 착색의 염려가 없다.

09 다음 빈칸에 알맞은 내용을 〈보기〉에서 골라 쓰시오.

| 보기 |

> 에폭시수지, 멜라민수지, 페놀수지, 아크릴수지, 요소수지

(1) 투명, 흰색의 액상접착제로 값이 비싸기 때문에 단독사용이 드물고 내수성이 크고, 열에 대해 안정성이 있다. 주로 목재에 사용한다.

     (   )

(2) 가장 오래된 합성수지접착제로 접착력, 내열성, 내수성이 우수하다. 주로 목재접착에 쓰이며, 유리나 금속의 접착에는 적당하지 않다.

     (   )

⊙ (1) 멜라민수지
(2) 페놀수지

10 다음 〈보기〉의 접착제 중 접착력이 큰 순서대로 번호를 쓰시오.

| 보기 |

> ① 에폭시   ② 멜라민   ③ 페놀   ④ 요소

⊙ ①-④-②-③

❶ 도장공사

물체를 보호하고 방습, 방부, 방청, 노화를 방지하며 또한 색채, 광택 등으로 미관을 주는 것을 목적으로 한다. 도장재료에는 페인트, 바니시와 같은 불투명 또는 투명피막을 형성하는 것과 스테인, 실리콘 방수액과 같이 피막을 형성하지 않는 것이 있으며 일반적으로 불투명 피막을 형성하는 도장재료를 페인트, 광택이 있는 투명한 피막을 형성하는 도장재료를 바니시라고 한다.

• 바니시(Varnish) : 수지 등을 용제에 녹여서 만든 안료가 함유되지 않은 도료의 총칭으로 도막은 대개 투명하다.

(1) 도장재료의 분류

① **수성페인트(도료)** : 안료(염료)를 카세인, 녹말 등과 물로 반죽하여 만든 것으로 내수성이 없고 내알칼리성이며 광택이 없는 것이 특징이다. 주로 미장면, 블록면, 콘크리트면에 쓴다.

장점	• 건조가 비교적 빠르다. • 물의 용제로 사용하므로 경제적이고 공해가 없다. • 알칼리성 재료의 표면에 도포가 가능하다. • 도포방법이 간단하고 보관의 제약이 적다. • 무광택으로 내수성이 없으므로 실내용으로 주로 사용된다.

㉠ 수성페인트 도장공정 : 바탕처리 → 바탕누름 → 초벌 → 연마 → 정벌

㉡ 반죽, 플라스터, 나무섬유판, 석고 보드부 등 흡수성이 심할 때는 흡수방지 도료를 도장한다.

② **유성페인트** : 안료(염료)를 건성유, 희석제 및 건조제를 조합한 칠이며 현장에서 된반죽 페인트에 희석제(시너)를 조합하여 묽은 페인트로 만들어 쓴다.

장점	• 광택과 내수성, 내후성, 내마멸성이 좋으나 건조가 느리다. • 시너와 희석해 사용하는 페인트로 비교적 두꺼운 도막을 만들어 값이 저렴하다. • 용제인 시너는 휘발성 유기화합물을 발생시킨다. • 목재가구, 창문, 철재 대문 등에 사용한다. • 알칼리에 약하므로 콘크리트, 모르타르면에 바를 수 없다.

③ **비닐페인트(VP)** : 평활성과 작업이 우수하고 내오염성으로 변색이 적으며 마감 시 수성페인트보다 깔끔하고 깨끗한 느낌을 내는 고급 도료이다. 2차 퍼티 작업을 하고 연마 후 1회 뿜칠도장 한다. 1회 도장 후 퍼티로 요철 부위 고르기 작업을 한 후 2회 도장한다.

④ **래커칠**

• 안료를 섞지 않고 조합한 것을 투명래커, 안료를 섞은 것을 래커에나멜이라고 한다.
• 투명래커는 목부에만 쓰는 투명칠이며 내수, 내유, 내구성이 좋고 건조가 빠르나 칠막두께가 얇고 부착력이 작은 것이 결점이다.

(2) 칠공법

① **솔칠(붓칠) 공법** : 좁은 곳의 칠에 주로 사용되고 초벌, 재벌, 정벌로 3회 칠하는 것이 표준이며 최종 도장 후 잔손보기 작업할 때 사용하는 방법이다.

② **롤러칠 공법** : 수성페인트 등을 사용하여 주로 넓은 면적이나 천장의 도장에 적용하는 방법이다.

③ **뿜칠 공법**

• 도장면의 효과가 좋고 작업속도가 빨라 질적도장이 필요한 곳과 넓은 면 도장 시 주로 사용된다.

• 도장용 스프레이건을 사용하며 뿜칠면은 30cm를 표준으로 한다. 특히, 주로 고급의 마감이 요구될 때 적용하는 도장으로 도장면이 평활하고, 매끄러운 질감을 얻을 수 있는 도장에 적용하는 방법이다. (초벌과 정벌은 모두 뿜칠을 하기도 하고, 초벌과 재벌은 붓칠 또는 롤러칠을 하고 정벌은 뿜칠로 함)

④ **주걱칠 공법** : 안티코스타코 도장이 있으며, 올퍼티 작업으로 면을 잡은 다음, 도장재를 얹어 질감이나 패턴을 얻고자 할 때 적용하는 방법이다.

(3) 도장 시 주의사항

① 우천 시, 강풍 시 습도 85% 이상, 기온 5도 이하에는 도장을 중지한다.

② 도료 보관 창고는 화기를 절대 금한다.

③ 직사광선을 피하고 환기가 되어야 한다.

④ 도료에 따라 적합한 도장도구를 사용한다.

※ 도장하는 장소의 기온이 낮거나 습도가 높고 환기가 충분히 하지 못하여 도장건조가 부적당할 때, 주위의 기온이 5℃ 미만이거나 상대습도가 85%를 초과할 때, 눈, 비가 올 때 안개가 끼었을 때 도장작업을 해서는 안 된다.

01 돌무늬 페인트에 대하여 간단하게 쓰시오.

> 2가지 색상을 동시에 뿜칠하여 자연석과 같은 우아하고 부드러운 질감의 무늬를 형성하는 도장방법으로, 접착력이 좋고 내오염성이다.

02 뿜칠(Spray) 공법에 의한 도장 시 주의사항 3가지를 쓰시오.

①

②

③

> ① 30cm 정도 띄워서 뿜칠한다.
> ② 1/3 정도씩 겹쳐서 뿜칠한다.
> ③ 끊임없이 연속해서 뿜칠한다.

03 철재 녹막이칠에 쓰이는 도료의 종류 5가지를 쓰시오.

①   ②   ③

④   ⑤

> ① 광명단   ② 징크로메이트
> ③ 알루미늄도료   ④ 아연분말도료
> ⑤ 산화철녹막이

04 다음 설명에 알맞은 도장용구를 〈보기〉에서 골라 번호를 쓰시오.

| 보기 |

① 주걱칠	② 스프레이칠
③ 롤러칠	④ 솔칠

(1) 수성페인트 등 넓은 면적이나 천장의 도장에 적용하는 방법이다.
(   )

(2) 주로 고급의 마감이 요구될 때 적용하는 도장으로 도장면이 평활하고, 매끄러운 질감을 얻을 수 있는 도장에 적용하는 방법이다.
(   )

(3) 대표적인 것으로 안티코스타코 도장이 있으며, 올퍼티 작업으로 면을 잡은 다음, 도장재를 얹어 질감이나 패턴을 얻고자 할 때 적용하는 방법이다. (   )

(4) 최종 도장 후 잔손보기 작업할 때 사용하는 방법이다. (   )

> (1) ③ 롤러칠
> (2) ② 스프레이칠
> (3) ① 주걱칠
> (4) ④ 솔칠

05 수성페인트 바르는 순서를 바르게 나열하시오.

| 보기 |

① 바탕누름	② 초벌
③ 정벌	④ 페이퍼 문지름(연마지 닦기)
⑤ 바탕 만들기	

⊙ ⑤ 바탕 만들기 − ① 바탕누름 − ② 초 벌 − ④ 페이퍼 문지름(연마지 닦기) − ③ 정벌

06 비닐페인트의 특징을 쓰시오.

①

②

③

⊙ ① 평활성과 작업성이 우수하다.
② 내오염성으로 변색이 적다.
③ 마감 시 수성페인트보다 깔끔하고 깨 끗한 느낌을 준다.

07 수성도료의 장점 4가지만 기술하시오.

①

②

③

④

⊙ ① 건조가 비교적 빠르다.
② 물의 용제로 사용하므로 경제적이고 공해가 없다.
③ 알칼리성 재료의 표면에 도포가 가능 하다.
④ 도표방법이 간단하고 보관의 제약이 적다.
그 외
⑤ 무광택으로 내수성이 없으므로 실내 용으로 주로 사용된다.

08 다음 중 래커칠의 장단점을 2가지씩 쓰시요.

(1) 장점 : ①　　　　　　　　　②

(2) 단점 : ①　　　　　　　　　②

⊙ (1) 장점
① 내수성, 내유성, 내구성이 좋다.
② 건조가 빠르다.
(2) 단점
① 칠막두께가 얇다.
② 부착력이 작다.

09 유성페인트 도장 시 수분이 완전히 증발된 후 칠하는 이유를 간단히 쓰시오.

⊙ 도료를 바탕에 잘 부착하고 부풀음, 터 짐, 벗겨짐을 방지하기 위해서이다.
※ 도료 부착의 저해 요인 : 유지분(기름 기), 수분(물기), 진, 녹 등

10 유성페인트의 특징 3가지를 쓰시오.

①

②

③

⊙ ① 광택과 내구성이 좋으나 건조가 느리다.
② 철재 위, 목재 위에 도장으로 쓰인다.
③ 알칼리에 약하다.

❶ 수장공사

실내건축공사의 여러 공정 중에서 최종 마감작업 단계를 총칭하는 것으로 벽, 바닥, 천장 등을 미려하게 장식하고 보온, 흡음, 방습 등의 효과가 있게 하는 것이다.

(1) 바닥공사

① 마감재료의 선정조건

재질적 성능	• 내마모성, 내하중성, 탄력성이 있을 것 • 미끄러지지 않을 것 • 내열성, 내한성이 있을 것
시공의 안전성	• 치수가 정확하고 신축성이 적은 것 • 시공이 용이할 것 • 색채의 자유도가 높고 변색 및 얼룩이 발생하지 않을 것
유지관리의 용이성	보수가 용이하며 청소가 쉬울 것

② 카펫

　㉠ 시공방법 : 그리퍼 공법, 못박기 공법, 직접 붙이기 공법, 필업 공법

　㉡ 시공순서 : 바탕면 → 바탕밑깔기 → 정깔기 → 청소 및 보양

③ 장판지

　• 시공순서 : 바탕처리 → 접착제 도포 → 장판지 붙이기 → 걸레받이 → 마무리 및 보양

④ PVC 타일

　㉠ 시공 시 주의사항

　　• 현장의 실내온도를 18~22℃로 유지하는 것이 좋다.

　　• 난방을 실시하는 장소는 작업시간 3시간 전부터 난방을 해서는 안 된다.

　　• 문 옆, 기둥 옆 등 잘라내서 붙이는 부분에는 틈이 생기지 않도록 한다.

　　• 타일 부착 시에는 통풍이 잘되게 하고 직사광선을 받지 않도록 한다.

(2) 벽공사

① 도배공사 : 종이, 천, 갈포지 등을 벽, 천장 등에 접착제를 사용하여 붙이는 공사를 의미한다.

　㉠ 선정조건

재질적 성능	• 내구성 및 내후성이 우수할 것 • 내마모성과 내충격성이 있을 것 • 흡음 및 단열의 효과가 있을 것
기능적 성능	• 벽면 및 천장면을 보호할 수 있을 것 • 장식적인 효과가 있을 것 • 빛에 의한 변화가 없을 것 • 쉽게 오염되지 않을 것

※ 벽지 선택 시 고려사항 : 장식기능, 내오염성 기능, 내구성 기능

ⓛ 도배지의 종류

구분	종류
초배지, 재배지	• 한지 : 참지, 백지, 피지 • 양지 : 갱지, 모조지, 마분지
정배지	• 종이벽지 : 일반벽지, 코팅벽지, 지사벽지 • 비닐벽지 : 비닐실크벽지, 발포벽지 • 섬유벽지 : 직물벽지, 스트링벽지, 부직포벽지 • 초경벽지 : 갈포벽지, 완포벽지, 황마벽지 • 목질계벽지 : 코르크벽지, 무늬목벽지, 목포벽지 • 무기질벽지 : 질석벽지, 금속박벽지, 유리섬유벽지

ⓒ 풀칠방법

온통바름	도배지 전부에 풀칠하며, 순서는 중간부터 갓둘레로 칠해 나간다.
봉투바름	도배지 주위에 풀칠하여 붙이고 주름은 물을 뿜어 둔다.

ⓔ 시공순서

3단계	바탕처리 → 풀칠 → 붙이기
4단계	바탕처리 → 초배지 → 재배지 → 정배지
5단계	바탕처리 → 초배지바름 → 재배지바름 → 정배지바름 → 굽도리(걸레받이)

ⓜ 시공 시 주의사항

평상시 보관온도는 5℃ 이상으로 유지하여, 시공 전 72시간 전부터는 5℃ 정도를 유지해야 하며 시공 후 48시간까지는 16℃ 이상의 온도를 유지하여야 한다.

② **석고보드**

㉠ 정의 : 석고판이라고도 하며, 구운 석고에 톱밥 따위를 섞어 물로 반죽한 것을 두꺼운 종이에 끼운 판으로, 내열성ㆍ내구성이 좋아서 벽, 칸막이, 천장에 쓰인다.

ⓛ 장단점

장점	• 표면이 고르고 단열성이 우수하다. • 경량이며 가공이 용이하다.
단점	• 습기에 약하고 강도가 약하다. • 신축성이 거의 없으며 파손의 우려가 있다.

ⓒ 사용용도에 따른 분류 : 방화석고보드, 방수석고보드, 일반석고보드, 차음석고보드

25T(mm)
600mm×1800mm

▲ 방화석고보드

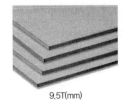

9.5T(mm)
900mm×1800mm

▲ 방수석고보드

9.5T(mm)/12.5T(mm)
900mm×1800mm/900mm×2400mm

▲ 일반석고보드

▲ 차음석고보드

② 시공 시 주의사항

　　　　• 이음매 처리 작업 전에 필히 못이나 나사못 머리가 보드 표면에 일치되었는지 확인한다.

　　　　• 콤파운드를 너무 두껍게 바르면 경화시간이 길어지고 크랙이 발생한다.

　　　　• 습기가 많거나 지하실, 결로가 예상되는 부분의 시공은 피한다.

　　　　• 통기성이 없는 비닐벽지로 마감할 경우 석고보드가 완전히 경화한 후 벽지를 붙인다.

　　　　• 페인트 마감의 경우 이음매의 균열 방지를 위해 조인트 메시 테이프와 퍼티로 이음매 처리를 한다.

(3) 방수공사

물을 많이 사용하는 공간에 물이나 습기가 건축물의 구조부로 침투하거나 다른 실로 번져 나가서 건물의 내외부를 상하게 하는 것을 방지하는 목적으로 지하실, 지붕, 바닥에 방수층을 구성하는 방법과 모르타르에 방수용 혼합제를 혼입해서 방수성을 갖게 하는 방법이 있다.

　① 재료에 의한 분류

　　㉠ 아스팔트 방수

　　　• 시공비가 고가이며 보호누름이 필요

　　　• 시공순서 : 바탕처리 → 방수층시공 → 방수층 누름 → 보호모르타르 → 신축줄눈

　　㉡ 시멘트 액체방수 : 시공이 간소하고 저렴하며, 결함부 발견이 용이

　　　• 1공정 : 바탕처리 - 방수액 침투 → 시멘트풀 → 방수액 침투 → 시멘트 모르타르

　　㉢ 도막방수 : 반복된 바름으로 얇은 도막 형성

　　㉣ 시트방수

　　　• 신축과 내후성이 좋고 보호누름이 필요하며 결함부 발견이 어렵다.

　　　• 시공순서 : 바탕처리 → 프라이머칠 → 접착제칠 → 시트 붙이기 → 마무리

　② 시공 개소별 분류

　　• 실내방수

　　• 바깥벽방수

　　• 옥상방수

　　• 지하실방수

(4) 단열재

　① 정의

　　스티로폼(비중 0.016, T50)이나 Glass Wool(40K, T50)을 보통 사용하며, 슬래브 하부면에서 오는 습기를 차단해 주어, 하부 구조틀재의 변형을 방지하고 상부 마루에서의 충격음을 하부구조에 전달할 때 완충역할을 하는 것으로 직접 구조재는 아닌 보완재로 사용한다.

　② 요구성능 : 보온, 방한, 방서, 결로 방지

　③ 구비조건

　　• 열전도율이 낮을 것

　　• 흡수율이 낮을 것

　　• 내화성이 높을 것

　　• 비중이 작을 것

- 어느 정도 기계적 강도가 있을 것

④ **종류** : 탄화코르크판, 석면, 암면, 광재면, 스티로폼, 알루미늄박

⑤ **단열공법**

　㉠ 단열위치에 따른 분류

　　건축물의 바닥, 벽, 천장 및 지붕 등의 열손실 방지를 목적으로 구조체의 내외부에 단열재를 시공한다.

- 내단열공법 : 콘크리트조와 같이 열용량이 큰 구조체의 실내측에 단열층을 설치하는 공법
- 외단열공법 : 콘크리트조와 같이 열용량이 큰 구조체의 실외측에 단열층을 설치하는 공법
- 중단열공법 : 구조체 벽체 내에 단열층을 설치하는 공법

　㉡ 시공법에 따른 분류

- 주입단열공법 : 단열이 필요한 곳에 단열공간을 만들고 주입공간과 공기구멍을 뚫어 발포성 단열재를 주입하여 충전하는 공법
- 붙임단열공법 : 단열이 필요한 곳에 일정하게 성형된 판상의 단열재를 붙여서 단열성능을 갖도록 하는 방법
- 뿜칠단열공법 : 단열 모르타르 등을 해당 면에 뿜칠하는 방법

01 다음에 해당하는 용어를 적으시오.

(1) 도배지 전부에 풀칠하여, 순서는 중간부터 갓둘레로 칠해 나가는 방법
(   )

(2) 도배지 주위에 풀칠하여 붙이고 주름은 물을 뿜어서 풀칠하는 방법
(   )

> (1) 온통바름
> (2) 갓바름, 봉투바름

02 건축재료 중 석고보드의 장단점을 서술하시오.

(1) 장점 :

(2) 단점 :

> (1) 장점 : 내화성능과 단열 및 차단 성능
> 이 우수하고, 표면이 고르기 때문에
> 마감바탕에 적합하다.
> (2) 단점 : 습윤에 약하고 파손되기 쉬우
> 며 강도가 약하다.

03 도배공사 시공순서를 〈보기〉에서 찾아 나열하시오.

| 보기 |

> ① 정배지 바름   ② 초배지 바름
> ③ 재배지 바름   ④ 바탕처리
> ⑤ 굽도리

> ④ 바탕처리 – ② 초배지 바름 – ③ 재배
> 지 바름 – ① 정배지 바름 – ⑤ 굽도리

04 석고보드의 이음새 시공순서를 〈보기〉에서 골라 쓰시오.

| 보기 |

> ① Tape 붙이기   ② 샌딩
> ③ 상도   ④ 중도
> ⑤ 하도   ⑥ 바탕처리

> ⑥ 바탕처리 – ⑤ 하도 – ① Tape 붙이
> 기 – ④ 중도 – ③ 상도 – ② 샌딩

05 카펫 깔기 공법 4가지를 쓰시오.

①   ②   ③   ④

> ① 그리퍼 공법
> ② 못박기 공법
> ③ 직접 붙이기 공법
> ④ 필업 공법

06 건축재료에 있어서 석고보드의 시공 시 주의사항 2가지를 쓰시오.

①

②

① 습기가 많거나 지하실, 결로가 예상되는 부분의 시공은 피한다.
② 통기성이 없는 비닐벽지로 마감할 경우 석고보드가 완전히 경화한 후 벽지를 붙인다.
그 외
③ 석고보드는 녹을 방지해 주는 역할을 하지 못하므로 철재 및 알루미늄 등의 부자재는 미리 광명단 바름 등의 바름 처리를 해야 한다.

07 석고보드의 사용용도에 따른 분류 3가지를 쓰시오.

①

②

③

① 일반석고보드
② 방화석고보드
③ 방수석고보드
그 외 차음석고보드, 방균석고보드, 황토석고보드

08 기능성 벽지 선택 시 주의사항 3가지를 쓰시오.

①   ②   ③

① 장식 기능
② 내오염성 기능
③ 내구성 기능

09 PVC 타일 시공 시 주의사항 2가지를 쓰시오.

①

②

① 현장의 실내온도를 18~22℃로 유지하는 것이 좋다.
② 난방을 실시하는 장소는 작업시간 3시간 전부터 난방을 해서는 안 된다.
그 외
③ 문 옆, 기둥 옆 등 잘라내서 붙이는 부분에는 틈이 생기지 않도록 한다.
④ 타일 부착 시에는 통풍이 잘되게 하고 직사광선을 받지 않도록 한다.

10 PVC 타일 시공법 2가지를 쓰시오.

①

②

① 모노륨, 륨
② 펫트

11 도배지의 종류 3가지를 쓰시오.

①   ②   ③

① 종이벽지
② 비닐벽지
③ 갈포벽지
그 외 지사벽지, 천벽지, 금속박벽지

❶ 적산

공사에 필요한 공사량(재료, 품)을 산출하는 기술활동이다.

(1) 적산 시 주의사항

- 도면의 누락이나 축척에 오차가 있으면 확인 후 계산한다.
- 수량 및 단가 금액의 소수점이 틀리지 않도록 주의한다.
- 중복계산이 되지 않도록 주의한다.
- 수량의 조사 및 단가의 결정은 반드시 재확인한다.
- 재료의 규격 및 품질은 반드시 기입한다.

(2) 적산의 단위

① 길이(Length) : mm, cm, m, yard, feet, inch
② 면적(Area) : cm², m²
③ 체적(Volume) : cm³, m³

❷ 견적

(1) 정의

산출된 공사량에 적당한 단가를 설정하여 곱한 후 합산하여 총공사비를 산출하는 기술활동으로 공사조건, 기일 등에 따라 달라질 수 있다.

(2) 견적의 종류

① 명세견적

완비된 설계도서, 현장설명, 질의응답을 통해 공사를 구성하는 각 부분의 수량, 중량, 면적, 품의 수량을 공사별로 상세하게 산출하고 그 단위당 가격을 곱하여 총공사비를 산출하는 방식이다.

② 개산견적

과거공사의 실적, 통계자료, 물가지수를 기초로 하여 개략적인 공사비를 산출하는 방식이다.
- 단위면적에 의한 견적
- 단위체적에 의한 견적
- 단위설비에 의한 견적

(3) 공사비의 구성

공사비는 총원가와 부가이윤으로 크게 구성하고 총원가는 공사원가와 일반관리비로, 공사원가는 직접공사와 간접공사로 구분한다.

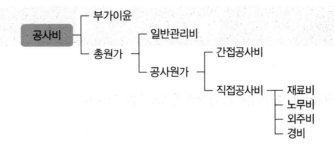

① **직접노무비** : 해당 공사를 완성하기 위해 직접 작업에 참여하는 인력의 노동임금
② **간접노무비** : 직접 작업에 참여하지 않은 조력자 또는 현장 사무직원의 노동임금

(4) 재료의 할증률

요구된 도면에 의하여 산출된 정미량에 재료의 운반, 절단, 가공 등 시공 중에 발생할 수 있는 손실량에 대해 가산하는 백분율이다.

목재	각재	5%	텍스	5%	벽돌	붉은 벽돌	3%
	판재	10%	석고보드	5%		내화 벽돌	3%
합판	일반용 합판	3%	단열재	10%		시멘트 벽돌	5%
	수장용 합판	5%	유리	1%	블록	경계블록	3%
타일	모자이크	3%	도료	2%		호안블록	5%
	도기, 자기	3%	원형 철근	5%		중공블록	4%
	클링커	3%	이형 철근	3%	원석		30%

01 건축공사의 원가계산에 적용되는 공사원가의 3요소를 쓰시오.

①   ②   ③

> ① 재료비   ② 노무비   ③ 외주비

02 적산요령 4가지를 쓰시오.

①

②

③

④

> ① 수평에서 수직으로 계산
> ② 시공순서대로 계산
> ③ 내부에서 외부로 계산
> ④ 큰 곳에서 작은 곳으로 계산

03 각 재료의 할증률을 〈보기〉에서 골라 넣으시오.

| 보기 |

3%,   5%,   10%

(1) 목재 – (   )   (2) 수장재 – (   )

(3) 붉은 벽돌 – (   )   (4) 바닥타일 – (   )

(5) 시멘트 벽돌 – (   )   (6) 단열재 – (   )

> (1) 5%   (2) 5%
> (3) 3%   (4) 3%
> (5) 5%   (6) 10%

04 다음 괄호 안에 알맞은 말을 써 넣으시오.

공사비 중 공사원가는 직접공사비와 (①)로 구분하고, 직접공사비는
(②), (③), (④), 경비로 구분한다.

> ① 간접공사비   ② 재료비
> ③ 노무비   ④ 외주비

05 개산견적의 단위기준에 의한 분류 3가지를 적으시오.

①

②

③

> ① 단위면적에 의한 견적
> ② 단위체적에 의한 견적
> ③ 단위설비에 의한 견적

06 다음 용어를 설명하시오.

(1) 직접노무비 :

(2) 간접노무비 :

> (1) 직접노무비 : 해당 공사를 완성하기
> 위해 직접 작업에 참여하는 인력의
> 노동임금
> (2) 간접노무비 : 직접 작업에 참여하지
> 않은 조력자 또는 현장 사무직원의
> 노동임금

07 다음의 용어를 설명하시오.

    (1) 적산 :

    (2) 견적 :

○ (1) 적산 : 공사에 필요한 공사량(재료, 품)을 산출하는 기술활동이다.
  (2) 견적 : 산출된 공사량에 적당한 단가를 설정하여 곱한 후 합산하여 총공사비를 산출하는 기술활동으로, 공사조건, 기일 등에 따라 달라질 수 있다.

08 건축재료의 할증률에 대하여 간략히 설명하시오.

○ 요구된 도면에 의하여 산출된 정미량에 재료의 운반, 절단, 가공 등 시공 중에 발생할 수 있는 손실량에 대해 가산하는 백분율이다.

09 다음 괄호 안에 알맞은 용어를 쓰시오.

> 적산은 공사에 필요한 재료 및 수량, 즉 (①)을 산출하는 기술활동이고, 견적은 (②)에 (③)를 곱하여 (④)를 산출하는 기술활동이다.

  ①   ②
  ③   ④

○ ①, ② 공사량
  ③ 단가
  ④ 공사비

10 다음 재료를 할증률이 큰 순서대로 나열하시오.

| 보기 |

> ① 블록   ② 시멘트 벽돌
> ③ 유리   ④ 타일

○ ② 시멘트 벽돌(5%) – ① 블록(4%) – ④ 타일(3%) – ③ 유리(1%)

적산

❶ 내부비계 면적

내부비계 면적은 연면적의 90%로 하며, 손료는 외부비계 3개월까지의 손율 적용을 원칙으로 한다.

※ • 손료 : 빌린 기계의 사용료
  • 손율 : 기자재 사용에 의한 성능과 기능이 떨어지는 비율

(1) 내부비계 면적 산출방법

$$\text{내부비계 면적} = \text{연면적(가로} \times \text{세로)} \times \text{층수} \times 0.9(\text{m}^2)$$

❷ 외부비계 면적

(1) 외부비계 면적 산출방법

$$\text{외부비계 면적} = \text{비계의 외주길이}(L) + \text{늘어난 비계거리(모서리} \times \text{이격거리)} \times \text{건물의 높이}(H)$$

① 비계의 외주길이(L) : $2 \times$ (건물 가로 + 건물 세로)
② 늘어난 비계거리 : 8개소(모서리) $\times$ 이격거리(D)

비계종류	외부비계 면적 산출공식
외줄비계, 겹비계 면적	$A = L(2 \times (\text{가로} + \text{세로})) + 8(\text{모서리개수}) \times 0.45(\text{이격거리}) \times H$
쌍줄비계 면적	$A = L(2 \times (\text{가로} + \text{세로})) + 8(\text{모서리개수}) \times 0.9(\text{이격거리}) \times H$
단관파이프, 틀비계 면적	$A = L(2 \times (\text{가로} + \text{세로})) + 8(\text{모서리개수}) \times 1(\text{이격거리}) \times H$

여기서, L : 비계의 외주길이, H : 건물의 높이

(2) 비계의 이격거리

① 쌍줄비계, 외줄비계, 겹비계

구조 \ 종류	통나무비계	
	쌍줄비계	외줄, 겹비계
목조	(벽체중심선) 90cm	(벽체중심선) 45cm
조적조 (벽돌조, 블록조, 철근콘크리트조, 철골조)	(벽체중심선) 90cm	(벽체중심선 45cm

② 단관파이프비계, 틀비계

구조 \ 종류	단관파이프, 틀비계
조적조(벽돌조, 블록조, 철근콘크리트조, 철골조)	(벽체중심선) 100cm

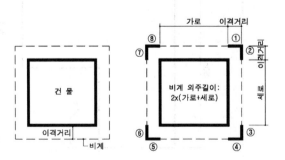

01 다음 건물의 내부비계 면적을 구하시오(단, 각 층의 높이는 3.6m).

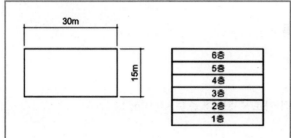

30×15×6(개 층)×0.9=2,430m²

02 다음과 같은 건물의 내부비계 면적을 산출하시오(단, 층수는 6층).

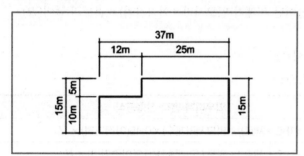

$A = \{(37 \times 15) - (12 \times 5)\} \times 6 \times 0.9$
$= (555 - 60) \times 6 \times 0.9$
$= 495 \times 6 \times 0.9 = 2,673\text{m}^2$

03 다음 평면도에서 쌍줄비계를 설치할 때 외부비계 면적을 산출하시오(단, $H = 25\text{m}$).

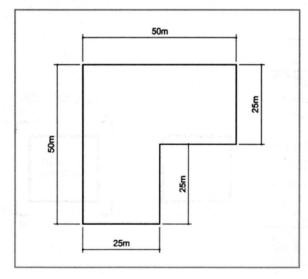

$A = \{2 \times (a+b) + 0.9 \times 8\} \times H$
$= \{2 \times (50+50) + 0.9 \times 8\} \times 25$
$= \{(2 \times 100) + 7.2\} \times 25$
$= (200 + 7.2) \times 25$
$= 207.2 \times 25 = 5,180\text{m}^2$

04 다음 평면과 같은 4층 건물의 전체공사에 필요한 내부비계 면적을 산출하시오.

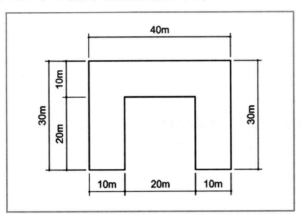

⊙ $A = \{(40 \times 30) - (20 \times 20)\} \times 4 \times 0.9$
　 $= (1,200 - 400) \times 4 \times 0.9$
　 $= 800 \times 4 \times 0.9 = 2,880 \text{m}^2$

05 다음 외부 쌍줄비계 면적이 얼마인지 산출하시오(단, $H = 8\text{m}$).

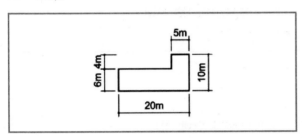

⊙ $A = \{2 \times (20 + 10) + 8 \times 0.9\} \times 8$
　 $= \{(2 \times 30) + (8 \times 0.9)\} \times 8$
　 $= (60 + 7.2) \times 8 = 537.6 \text{m}^2$

❶ 벽돌공사

(1) 벽면적 산출방법(단위 : m²)

> 벽면적=(벽길이×벽높이)−개구부 면적

① 외벽 : 중심 간 길이×높이−개구부 면적
② 내벽 : 안목 간 길이×높이−개구부 면적

예제

01   벽길이 20m, 벽높이 3m의 벽면적을 산출하시오.

> **해설**   벽면적 : $20 \times 3 = 60m^2$

02   벽길이 100m, 벽높이 3m, 개구부 면적 1.8m×1.2m 10개 벽면적을 산출하시오.

> **해설**   벽면적 : $(100 \times 3) - (1.8 \times 1.2 \times 10) = 300 - 21.6 = 278.4m^2$

---

(2) 벽돌량 산출방법

> 벽돌량=벽면적×면적당 단위수량(매, 장)

① 벽두께에 따른 단위수량(단위 : m²/매, 장)

벽돌형＼두께	0.5B	1.0B	1.5B	2.0B
표준형(190×90×57)	75	149	224	298
기존형(210×100×60)	65	130	195	260
내화형(230×114×65)	59	118	177	236

② 벽면적 1m²당, 줄눈 폭은 10mm

③ 벽돌의 할증률 : 내화벽돌·붉은 벽돌 : 3%(1.03), 시멘트 벽돌 : 5%(1.05)

> ※ 할증률 : 공사용 재료에 있어 파손이나 흘림, 절단으로 인하여 소요량만으로는 구조물을 완성하기 어려워 어느 정도의 여유분을 주는 것을 말한다.

④ 소요량 : 벽돌량(정미량)×할증률

예제

03   표준형 벽돌 1.5B 쌓기, 벽길이 100m, 벽높이 3m, 개구부 면적 1.8m×1.2m 10개의 벽돌량을 산출하시오.

> **해설**   벽면적 : $(100 \times 3) - (1.8 \times 1.2 \times 10) = 300 - 21.6 = 278.4m^2$
> ∴ 벽돌량 : 278.4×224(표준형 : 1.5B)$= 62,361.6$매(장)

04   벽길이 10m, 벽높이 3m의 건물에 1.5B 쌓기 시 벽돌량을 계산하시오(표준형 시멘트 벽돌 사용).

> **해설**   벽면적 : $10 \times 3 = 30$
> ∴ 벽돌량 : $30 \times 224 = 6,720$매(장)

---

(3) 모르타르량 산출방법

$$\text{모르타르량} : \frac{\text{벽돌의 정미량(벽돌량)}}{1,000} \times \text{단위수량(m}^2\text{)}$$

① 모르타르의 단위수량(단위 : m³/1,000매)

벽두께 벽돌형	0.5B	1.0B	1.5B	2.0B
표준형	0.25	0.33	0.35	0.36
기존형	0.3	0.37	0.4	0.42

② 단위수량은 벽돌 1,000장(매)을 기준으로 산출한다.

③ 모르타르량은 할증률을 고려한 벽돌량이 아닌 정미량으로 산출한다.

④ 소요량은 벽돌량(정미량)과 할증률을 합해서 산출한다.

예제

05 벽길이 10m, 벽높이 3m, 1.0B 쌓기 시 모르타르량을 구하시오(단, 표준형 벽돌 사용).

해설 • 벽면적 : $10 \times 3 = 30\text{m}^2$

• 벽돌량 : $30 \times 149 = 4,470$매(장)

∴ 모르타르량 : $\dfrac{4,470}{1,000} \times 0.33 = 1.4751\text{m}^3$

06 표준형 벽돌로 10m²를 1.5B 쌓기로 할 때 벽돌량과 모르타르량을 구하시오.

해설 • 벽면적 : 10m²

• 벽돌량 : $10 \times 224 = 2,240$매

∴ 모르타르량 : $\dfrac{2,240}{1,000} \times 0.35 = 0.784\text{m}^3$

---

❷ 블록공사

(1) 블록량 산출방법(단위 : m²)

$$\text{블록량} = \text{벽면적} \times \text{단위수량(매, 장)}$$

① 블록의 단위수량

구분	길이×높이×두께	블록량(매, 장)
기본형(재래형)	390mm×190mm×100mm(150, 190)	12.5 → 13(매)
표준형(장려형)	290mm×190mm×100mm(150, 190)	16.7 → 17(매)

② 블록의 할증률 4%가 포함되어 있으므로 소요량 계산 시 별도의 할증률을 고려하지 않아도 된다.

예제

07 벽길이 150m, 높이 3m의 블록벽 시공 시 블록장수를 구하시오(단, 기본형 390mm×190mm×150mm, 할증률 4% 포함).

해설 블록량 : $150 \times 3 \times 13 = 5,850$(매, 장)

08 벽길이 50m, 높이 2.5m의 블록벽 시공 시 블록장수를 산출하시오(단, 표준형을 사용함).

해설 블록량 : $50 \times 2.5 \times 17 = 2,125$(매, 장)

---

01 외벽을 1.0B 쌓기, 내벽을 0.5B 쌓기, 단열재가 50mm 일 때 벽체의 총두께는 얼마인가?

⊙ 190 + 90 + 50 = 330mm
 ※ 1.0B = 190mm, 0.5B = 90mm

02 길이 100m, 높이 2m, 1.0B 벽돌 벽의 정미량을 산출하시오(단, 벽돌규격은 표준형임).

⊙ 벽면적 : 100 × 2 = 200m²
 ∴ 정미량 : 200 × 149 = 29,800매

03 표준형벽돌로 8m²를 1.5B 보통쌓기 할 때의 벽돌량 과 모르타르량을 산출하시오.

⊙ • 벽돌량 : 8 × 224 = 1,792매
 • 모르타르량 : $\dfrac{1,792}{1,000}$ × 0.35 = 0.627m³

04 길이 10m, 3m의 건물에 1.5B 쌓기 시 모르타르량 (m³)과 벽돌량을 계산하시오(단, 표준형 시멘트 벽돌 사용).

⊙ • 벽면적 : 10 × 3 = 30m²
 • 벽돌량 : 30 × 224 = 6,720매
 • 모르타르량 : $\dfrac{6,720}{1,000}$ × 0.35 = 2.352m³

05 폭 4.5m, 높이 2.5m의 벽에 1.5m × 1.2m의 창이 있는 경우 19cm × 9cm × 5.7cm의 붉은 벽돌의 줄 눈너비를 10mm로 쌓고자 한다. 이때 붉은 벽돌의 재료량은 얼마인가?(단, 표준형 벽돌 0.5B 할증은 고려하지 않는다)

⊙ 벽면적 : (4.5 × 2.5) − (1.5 × 1.2) = 11.25 − 1.8 = 9.45m²
 ∴ 벽돌량 : 9.45 × 75 = 708.75매

06 표준형 벽돌 1.0B 벽돌 쌓기 시 벽돌량과 모르타르량 을 산출하시오(단, 벽길이 100m, 벽높이 3m, 개구 부 1.8m × 1.2m × 10개, 줄눈 10mm, 정미량으로 산출).

⊙ • 벽면적 : (100 × 3) − (1.8 × 1.2 × 10) = 300 − 21.6
    = 278.4m²
 • 벽돌량 : 278.4 × 149 = 41,481.6 = 41,482매
 • 모르타르량 : $\dfrac{41,482}{1,000}$ × 0.33 = 13.68906 = 13.69m³

07 표준형 벽돌로 다음과 같은 조건에서 벽돌 쌓기 시 정미량을 구하시오(단, 벽두께 : 0.5B, 벽길이 : 10m, 벽높이 : 3m, 개구부크기 : 1.8m × 1.2m).

⊙ 벽면적 : (10 × 3) − (1.8 × 1.2) = 30 − 2.16 = 27.84m²
 ∴ 정미량 : 27.84 × 75 = 2,088매

08 길이 10m, 높이 2.5m, 1.5B 벽돌벽의 정미량과 모르타르량을 구하시오(단, 표준형 시멘트 벽돌임).

- 벽면적 : $10 \times 2.5 = 25\text{m}^2$
- 벽돌량 : $25 \times 224 = 5,600$매
- 모르타르량 : $\dfrac{5,600}{1,000} \times 0.35 = 1.96\text{m}^3$

09 벽의 높이가 2.5m이고, 길이가 10m일 때 표준형 벽돌 1.0B 쌓기의 적산량을 산출하시오(단, 할증률은 고려하지 않음).

벽면적 : $2.5 \times 10 = 25\text{m}^2$
$\therefore$ 정미량 : $25 \times 149 = 3,725$매

10 표준형 시멘트 벽돌 5,000장을 2.0B 쌓기로 할 경우 벽면은 얼마인가?(단, 할증률을 고려하고, 소수점 셋째 자리에서 반올림한다)

벽면적 $= \dfrac{5,000}{298 \times 1.05} = \dfrac{5,000}{312.9} = 15.979 = 15.98\text{m}^2$

11 다음 괄호 안에 알맞은 용어를 쓰시오.

① 190mm
② 16.7매
③ 17매

> 표준형 블록의 길이는 290mm이고, 높이는 (①) mm이며, 1m²당 블록의 소요량은 (②)매이고 할증률을 포함하면 (③)매이다.

①   ②   ③

❶ 단위 변환

밀리미터(mm) → 미터(m)	1mm → 0.001m(나누기 1,000)
센치미터(cm) → 미터(m)	1cm → 0.01m(나누기 100)

예제

01 타일 150mm×150, 줄눈 8mm 미터 변환

  해설 타일 : 150mm → 0.15m, 줄눈 : 8mm → 0.008m

02 타일 30cm×30cm, 줄눈 6mm 미터 변환

  해설 타일 : 30cm → 0.3m, 줄눈 : 6mm → 0.006m

❷ 타일공사

(1) 타일량 산출방법(단위 : m²)

$$타일량 = 시공면적 \times 단위수량(매, 장)$$

① 일반타일 단위수량

$$단위수량(m^2) = \frac{1m}{타일의\ 가로길이 + 줄눈} \times \frac{1m}{타일의\ 세로길이 + 줄눈}$$

※ 타일의 할증률 : 3%(1.03)

② 유닛 모자이크 타일

  ㉠ 모자이크 : 11.4(장/m²)

  ㉡ 종이 1장의 크기는 300mm×300mm이며, 재료의 할증률은 포함되어 있다.

③ 타일 줄눈의 크기

구분	줄눈크기
대형(외부)	9mm
대형(내부)	6mm
소형	3mm
모자이크	2mm

03 타일크기 600mm×600mm, 줄눈폭 6mm의 단위수량을 구하시오.(일반타일)

해설 $\dfrac{1m}{0.6+0.006} \times \dfrac{1m}{0.6+0.006} = \dfrac{1}{0.367236} = 2.72304$ 매

04 타일크기 10.5cm×10.5cm이며 줄눈 두께가 10mm일 때 120m²에 필요한 타일량을 산출하시오.

해설 $120 \times \dfrac{1m}{0.105+0.01} \times \dfrac{1m}{0.105+0.01} = 120 \times \dfrac{1}{0.115} \times \dfrac{1}{0.115} = \dfrac{120}{0.013225}$

$= 9,073.724 = 9,074$ 매(장)

05 타일크기 300mm×300mm이며 줄눈 두께가 3mm일 때, 바닥면적 18m×10m에 필요한 타일량을 구하시오.

해설 $(18 \times 10) \times \dfrac{1m}{0.3+0.003} \times \dfrac{1m}{0.3+0.003} = 180 \times \dfrac{1}{0.303} \times \dfrac{1}{0.303} = \dfrac{180}{0.091809}$

$= 1,960.592 = 1,961$ 매(장)

06 타일크기가 200mm×200, 줄눈 두께가 10mm일 때 바닥면적 12m×10m에 필요한 타일량을 산출하시오.

해설 $(12 \times 10) \times \dfrac{1m}{0.2+0.01} \times \dfrac{1m}{0.2+0.01} = 120 \times \dfrac{1}{0.21} \times \dfrac{1}{0.21} = \dfrac{120}{0.0441}$

$= 2,721.088 = 2,721$ 매(장)

※ 타일량＝정미량, 정미수량과 같은 의미이다.

01 정사각형 타일 108mm에 줄눈 5mm로 시공할 때 바닥면적 8m²에 필요한 타일 수량을 산출하시오.

⊙ 타일의 소요량 = 시공면적 × 단위수량

$$= 시공면적 \times \frac{1m}{(타일의\ 가로길이 + 타일의\ 줄눈)}$$

$$\times \frac{1m}{(타일의\ 세로길이 + 타일의\ 줄눈)}$$

$$= 8 \times \frac{1}{(0.108 + 0.005)} \times \frac{1}{(0.108 + 0.005)}$$

$$= 626.52 = 627매$$

02 바닥면적 12m × 10m에 타일 180mm × 180mm, 줄눈간격 10mm로 붙일 때 필요한 타일량을 산출하시오.

⊙ $(12 \times 10) \dfrac{1}{(0.18 + 0.01)} \times \dfrac{1}{(0.18 + 0.01)} = 3,324.1 = 3,324매$

03 바닥면적 100m²에 타일을 붙일 때 필요한 타일의 정미 수량을 산출하시오(단, 타일의 크기는 10cm × 10cm, 줄눈의 간격은 10mm).

⊙ $\dfrac{100}{(0.1 + 0.01) \times (0.1 + 0.01)}$

$$= \frac{100}{0.11 \times 0.11}$$

$$= \frac{100}{0.0121} : 8,264.46281매$$

$$\therefore 8,264매$$

04 모자이크 유닛형 타일크기가 30cm × 30cm일 때 200m²의 바닥에 소요되는 모자이크 타일량을 산출하시오.

⊙ $\dfrac{1m^2}{0.3m \times 0.3m} = 11.4매 \quad 11.4매 \times 200 = 2,280매$

※ 종이 1매의 크기는 30cm × 30cm

05 다음 평면을 보고 사무실, 홀에 대한 재료량을 산출하시오(단, 타일규격 : 10cm × 10cm, 줄눈두께 3mm).

m²	
종류	수량
인 부수	0.09인
도장공	0.03인
접착제	0.4kg

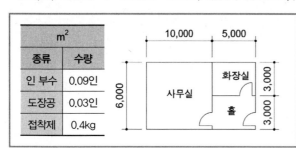

(1) 바닥면적 :   (2) 인부 수 :

(3) 도장공 :   (4) 접착제 :

(5) 타일량 :

⊙ (1) 바닥면적
  • 사무실 : $10 \times 6 = 60m^2$
  • 홀 : $5 \times 3 = 15m^2 \quad \therefore 60 + 15 = 75m^2$
(2) 인부 수 : $75 \times 0.09인 = 6.75인(7인)$
(3) 도장공 = $75 \times 0.03인 = 2.25인(3인)$
(4) 접착제 = $75 \times 0.4 = 30kg$
(5) 타일량
  • 사무실 : $10 \times 6 \times \dfrac{1}{0.1 + 0.003} \times \dfrac{1}{0.1 + 0.003}$
    $= 5,655.57$
  • 홀 : $5 \times 3 \times \dfrac{1}{0.1 + 0.003} \times \dfrac{1}{0.1 + 0.003} = 1,413.89$
  $5,655.57 + 1,413.89 = 7,069.46$
  $\therefore 총 7,070장(매)$

06 다음과 같은 화장실의 바닥에 사용되는 타일 수량을 산출하시오(단, 타일의 규격은 10cm×10cm이고, 줄눈 두께는 3mm로 한다).

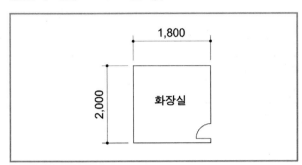

$$\frac{1.8\times2}{(0.1+0.003)\times(0.1+0.003)} = \frac{3.6}{0.103\times0.103}$$
$$= \frac{3.6}{0.010609}$$
$$= 339.334매$$

∴ 340매

❶ 단위 변환

밀리미터(mm) → 미터(m)	1mm → 0.001m(나누기 1,000)
센치미터(cm) → 미터(m)	1cm → 0.01m(나누기 100)

❷ 목공사

(1) 창호재

수평부재와 수직부재가 만나는 곳은 맞춤과 연귀로 접합되어 있어 중복하여 산출함(수직재와 수평재로 나눠서 산출해야 함)

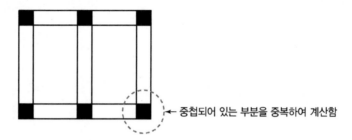

← 중첩되어 있는 부분을 중복하여 계산함

(2) 각재 산출방법(단위 : m³)

$$각재(m^3) = 가로(m) \times 세로(m) \times 길이(m)$$

※ 각재의 할증률 : 5%

예제

01 60mm×250mm×1,500mm인 각재의 목재량(m³)을 구하시오.

해설 $0.06 \times 0.25 \times 1.5 = 0.0225m^3$

02 다음 목재창호 사이즈는 3,000mm×1,500mm이며, 각재는 60mm×240mm이다. 목재창호의 목재량(m³)을 구하시오.

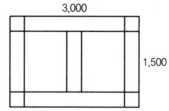

3,000

1,500

해설 • 수직재 : $0.06 \times 0.24 \times 1.5 \times 3 = 0.0648m^3$

• 수평재 : $0.06 \times 0.24 \times 3 \times 2 = 0.0864m^3$

∴ 목재량 : $0.0648 + 0.0864 = 0.1512m^3$

---

(3) 판재 산출방법(단위 : m³)

$$판재(m^3) = 가로(m) \times 세로(m) \times 두께(m)$$

※ 판재의 할증률 : 10%, 합판(일반용 : 3%, 수장용 : 5%)

예제

03 판재 사이즈 1,200mm×600mm, 두께 18mm인 판재의 목재량(m³)을 구하시오.

해설 $1.2 \times 0.6 \times 0.018 = 0.01296 = 0.013(m^3)$

04 판재 사이즈 1,500mm×800mm, 두께 20mm, 각재 30mm×30mm×800mm를 사용할 경우 다리가 4개인 테이블 목재량(m³)을 각각 구하시오.

▲ 판재와 각재

해설 • 판재 : $1.5 \times 0.8 \times 0.02 = 0.024(m^3)$

• 각재 : $0.03 \times 0.03 \times 0.8 \times 4 = 0.00288(m^3)$

01 다음 목재창호의 목재량(m^3)을 구하시오.

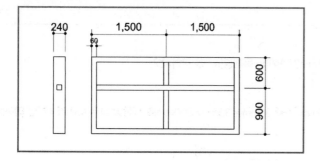

⊙ ・수직부재 = $0.24 \times 0.06 \times 1.5 \times 3 = 0.0648m^3$
・수평부재 = $0.24 \times 0.06 \times 3 \times 3 = 0.1296m^3$
∴ 부재합계 = $0.0648 + 0.1296 = 0.1944m^3$
　　　　　 = $0.19m^3$

02 다음 목재창호의 목재량(m^3)을 구하시오(단, 각재는 $90 \times 240mm$로 한다).

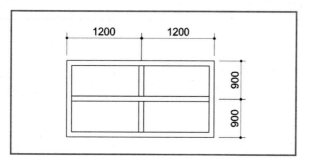

⊙ ・수직부재 = $0.09 \times 0.24 \times 1.8 \times 3 = 0.11664m^3$
・수평부재 = $0.09 \times 0.24 \times 2.4 \times 3 = 0.15552m^3$
∴ 부재합계 = $0.11664 + 0.15552 = 0.27216m^3$
　　　　　 = $0.27m^3$

03 아래 창호의 목재량(m^3)을 구하시오.

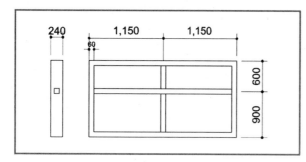

⊙ ・수직부재 = $0.24 \times 0.06 \times 1.5 \times 3 = 0.0648m^3$
・수평부재 = $0.24 \times 0.06 \times 2.3 \times 3 = 0.09936m^3$
∴ 부재합계 = $0.0648 + 0.09936 = 0.16416m^3$
　　　　　 = $0.16m^3$

04 다음 그림과 같은 문을 제작하는 데 필요한 목재량 (m^3)을 구하시오(단, 소수 셋째 자리에서 반올림한다).

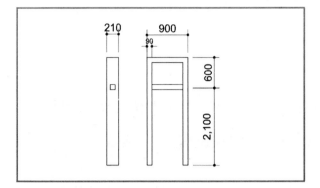

- 수직부재 $= 0.21 \times 0.09 \times 2.7 \times 2 = 0.10206m^3$
- 수평부재 $= 0.21 \times 0.09 \times 0.9 \times 2 = 0.03402m^3$
- ∴ 부재합계 $= 0.10206 + 0.03402 = 0.13608m^3$
  $= 0.14m^3$

05 다음 그림과 같은 목재 창문틀에 소요되는 목재량(m^3)을 구하시오(단, 목재의 단면치수는 $90mm \times 90mm$)

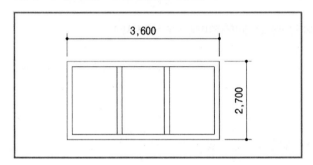

- 수평부재 $= 0.09 \times 0.09 \times 3.6 \times 2 = 0.05832m^3$
- 수직부재 $= 0.09 \times 0.09 \times 2.7 \times 4 = 0.08748m^3$
- ∴ 부재합계 $= 0.05832 + 0.08748 = 0.1458m^3$
  $= 0.15m^3$

❶ 금속공사

(1) 코너비드 산출방법(단위 : m)

기둥의 가로세로 규격은 코너비드 물량산출과 관계없으며 높이와 각진 모서리의 수량으로 산출함

$$코너비드(m) = 높이 \times 모서리의 수량$$

예제

01 기둥간격이 가로 450mm×세로 450mm, 높이 3m인 코너비드 정미량(m)을 산출하시오.
해설 3m × 4개(사각기둥 4면) = 12m

02 기둥간격이 가로 600mm×세로 600mm, 높이 2.5m인 코너비드 정미량(m)을 산출하시오.
해설 2.5m × 4개(사각기둥 4면) = 10m

03 기둥간격이 가로 600mm×세로 600mm, 높이 4m인 코너비드 정미량(m)을 산출하시오.
해설 4m × 4개(사각기둥 4면) = 16m

(2) 논슬립 산출방법(단위 : m)

$$논슬립(m) = 계단 수 \times 논슬립 길이$$

예제

04 1개 층의 계단 수가 16개, 계단너비는 1.5m, 5층 건물이며 논슬립의 길이는 1.4m일 때 논슬립 재료량(m)을 구하시오.
해설 16개 × 1.4m × 5층 = 112m

05 1개 층의 계단 수가 16개, 계단너비는 1.5m, 6층 건물이며 논슬립의 길이는 1.0m일 때 논슬립 재료량(m)을 구하시오(단, 할증률 5%를 가산한다).
해설 16개 × 1.0 × 6층 × 1.05(할증률 5%) = 100.8 ≒ 101m

06 1개 층의 계단 수가 18개, 계단너비는 1.3m, 7층 건물이며 논슬립의 길이는 1.2m일 때 논슬립 재료량(m)을 구하시오.
해설 18개 × 1.2 × 7층 = 151.2m

(3) 황금줄눈대 산출방법(단위 : m)

$$황금줄눈대(m) = (\frac{바닥\ 가로\ 면적}{줄눈간격} + 1) \times 바닥\ 세로\ 면적 + (\frac{바닥\ 세로\ 면적}{줄눈간격} + 1) \times 바닥\ 가로\ 면적$$

07 인조석 현장갈기 바닥면적이 20m×30m, 줄눈대 간격은 90cm일 때 황동줄눈대의 재료량을 산출하시오.

해설 $(\frac{20}{0.9}+1) \times 30 + (\frac{30}{0.9}+1) \times 20 = 696.67 + 686.67 = 1,383.34 = 1,383$m

08 테라초 현장바름 바닥면적이 15m×24m, 줄눈대 간격은 90cm일 때 황동줄눈대의 재료량을 산출하시오(단, 할증률 5%를 가산한다).

해설 $(\frac{15}{0.9}+1) \times 24 + (\frac{24}{0.9}+1) \times 15 = 423.99 + 414.99 = 838.98 \times 1.05 = 881$m

09 테라초 현장바름 바닥면적이 10m×20m, 줄눈대 간격은 90cm일 때 황동줄눈대의 재료량을 산출하시오(단, 할증률 3%를 가산한다).

해설 $(\frac{10}{0.9}+1) \times 20 + (\frac{20}{0.9}+1) \times 10 = 242.22 + 232.22 = 474.44 \times 1.03 = 488.67$m

01 다음 조건은 철근콘크리트 라멘조 건물의 일부 기둥의 규격이다. 해당 기둥에 코너비드를 설치할 때 코너비드량을 산출하시오.

| 조건 |

> • 가로 : 450mm
> • 세로 : 450mm
> • 높이 : 30m(0.45m × 0.45m × 30m)

⊙ 코너비드 정미량 = 30m × 4개 = 120m

※ 코너비드는 기둥의 모서리부분을 보호하기 위한 철물로 각진 모서리의 개소만 확인하면 된다. 즉, 기둥의 가로세로 규격은 코너비드의 물량산출과 관계없으며 높이와 각진 모서리의 수량으로 산출한다.

02 1개 층의 계단 단수가 22개, 계단너비가 1.2m 논슬립 길이가 1.0m인 철근콘크리트 계단의 논슬립 재료량을 산출하시오(단, 12층 건물이며 할증률은 5%를 가산한다).

⊙ 논슬립 재료량 = 22개 × 1.0m × 12층 × 1.05 = 277m

※ 논슬립 계단의 폭 끝에서 양쪽으로 5cm씩 떼어 시공하기 때문에 계단의 너비(폭)에서 10cm를 줄인 길이가 실제 논슬립의 길이이다.

03 1개 층의 계단 단수가 16개, 계단너비가 1.3m, 논슬립 길이가 1.0m일 때, 논슬립 설치에 필요한 재료를 산출하시오(단, 5층 건물).

⊙ 논슬립 재료량 = 16개 × 1.0m × 5개 층 = 80m

04 인조석 현장갈기 바닥면적이 20m × 30m일 때 황동줄눈대의 재료량을 산출하시오.

⊙ 줄눈대 재료량 $= (\frac{20m}{0.9m} + 1) \times 30m + (\frac{30m}{0.9m} + 1) \times 20m$
$= 696.67 + 686.67 = 1,383.34 = 1,383m$

05 테라초 현장바름 바닥면적이 15m × 24m일 때, 황동줄눈대 설치에 필요한 재료량 및 품을 산출하시오(단, 재료의 할증률은 5%, 줄눈대 간격은 90cm로 한다).

⊙ 줄눈대 재료량 $= (\frac{15m}{0.9m} + 1) \times 24m + (\frac{24m}{0.9m} + 1) \times 15m$
$= 424 + 415 = 839 \times 1.05 = 880.95m$

06 10층 건물에서 1개 층의 계단 수가 20개, 계단너비가 1.2m, 논슬립 길이가 1.0m일 때, 논슬립 재료량을 산출하시오(단, 철근콘크리트 계단이며 할증률 5%를 가산한다).

⊙ 논슬립 재료량 = 20개 × 1.0m × 10층 × 1.05
= 210m

07 1개 층의 계단 단수가 13개, 계단너비가 1.2m, 논슬립 길이가 1.2m일 때, 논슬립 재료량을 산출하시오 (단, 10층 건물).

○ 논슬립 재료량＝13개×1.2m×10개 층＝156m

❶ 도장공사

- 칠의 면적은 도료의 종별, 장소별로 구분하며 도면의 정미면적을 소요면적으로 한다.
- 요철부와 곡면 등은 편길이, 전개면적으로 계산한다.

(1) 도장면적 산출방법(단위 : m²)

$$도장면적(m^2) = 문규격(가로 \times 세로) \times 개수 \times 칠면적 \ 배수$$

① 도장(칠)면적 배수표

구분		소요면적	비고
목재면	양판문(양면칠)	안목면적×(3.0~4.0)	문틀, 문선
	플러시문(양면칠)	안목면적×(2.7~3.0)	문틀, 문선
	미서기창(양면칠)	안목면적×(1.1~1.7)	문틀, 문선, 창선반
철재면	철문(양면칠)	안목면적×(2.4~2.6)	문틀, 문선
	새시(양면칠)	안목면적×(1.6~2.0)	문틀, 창선반
	셔터(양면칠)	안목면적×(2.6~4.0)	박스 포함
징두리판벽, 두겁대, 걸레받이		바탕면적×(1.5~2.5)	–
철계단(양면칠), 파이프난간(양면칠)		경사면적×(3.0~3.5) 난간면적×(0.5~1.0)	–

※ • 복잡한 구조 : 큰 배수, 간단한 구조 : 작은 배수
- 양판문(Panelled Door) : 울거미를 짜고 그 사이에 판자 또는 널을 끼워 넣는 문
- 플러시문(Flush Door) : 울거미를 짜고 중간살을 배치하여 양면에 합판을 붙인 문

예제

01 문틀(문선 포함)이 복잡한 양판문의 규격이 900mm×2,100mm이다. 양판문의 개수가 20매일 때 전체 도장면적을 산출하시오.

해설 0.9m × 2.1m × 20매 × 4배 = 151.2m²

02 출입구 규격이 900mm×2,100mm이며 양판문이다. 문 매수는 50매의 간단한 구조의 양면칠일 때 도장면적을 산출하시오.

해설 0.9m × 2.1m × 50매 × 3배 = 283.5m²

❷ 도배공사

(1) 도배면적 산출방법(단위 : m²)

종이, 천, 갈포지 등을 벽, 천장에 접착제를 사용하여 붙이는 공사이다.

$$도배면적(m^2) = 천장면적 + 벽면적$$

① 천장면적 : 가로 × 세로
② 벽면적 : 2 × (가로 + 세로) × 높이 − (창문 + 문)
  ※ 도배의 할증률 : 20%(1.2)

예제

03 주택 안방에 벽과 천장면 도배면적을 산출하시오(단, 방규격 : 4,000mm×5,000mm, 천장고 : 2,400mm)
  해설 • 천장면적 : $4 \times 5 = 20\text{m}^2$
    • 벽면적 : $2 \times (4+5) \times 2.4 = 43.2\text{m}^2$
    ∴ 도배면적 : $20 + 43.2 = 63.2\text{m}^2$

04 방규격 : 4,000mm×5,000mm, 천장고 : 2,400mm, 문 : 900mm×2,100mm 1개, 창문 : 3,000mm×1,500mm인 1개의 벽과 천장면 도배면적을 산출하시오.
  해설 • 천장면적 : $4 \times 5 = 20\text{m}^2$
    • 벽면적 : $2 \times (4+5) \times 2.4 - (0.9 \times 2.1) + (3 \times 1.5) = 43.2 - 6.39 = 36.81\text{m}^2$
    ∴ 도배면적 : $20 + 36.81 = 56.81\text{m}^2$

01 문틀이 복잡한 양판문 규격이 900mm×2,100mm이다. 전체 도장면적을 산출하시오(단, 문 매수 : 40개).

⊙ 0.9m×2.1×40개×4배=302.4m²
  ※ 양판문 칠 배수면적
    • 복잡한 문 : 4.0배
    • 간단한 문 : 3.0배

02 문틀이 복잡한 양판문의 규격이 900mm×2,100mm이다. 양판문 개수가 10매일 때 전체 도장면적을 산출하시오.

⊙ 0.9m×2.1×10개×4배=75.6m²
  ※ 양판문 칠 배수면적
    • 복잡한 문 : 4.0배
    • 간단한 문 : 3.0배

03 문틀이 복잡한 플러시도어의 규격이 0.9m×2.1m이다. 양면을 모두 칠할 때 전체 칠 면적을 산출하시오(단, 문 매수는 30개이며, 문틀 및 문선을 포함한다).

⊙ 0.9m×2.1×30개×3배=170.1m²

04 출입구의 규격이 900mm×2,100mm이며 양판문이다. 전체 칠면적을 산출하시오(단, 문 매수는 30개의 간단한 구조의 양면칠이다).

⊙ 0.9m×2.1×30개×3배=170.1m²

05 문틀(문선)이 포함된 철면(양면 칠)의 규격이 1,000mm×2,200mm이다. 이 철문의 개수가 10매일 때 전체 칠 면적을 구하시오.

⊙ 1.0m×2.2m×10개×2.6배=57.2m²

06 문틀이 비교적 간소한 미서기창의 칠 표면적이 0.3m²이다. 동일한 칠 표면적의 미서기창 개수가 5매일 때 전체 칠 면적을 산출하시오.

⊙ 0.3m×5배×1.1배=1.65m²
  ※ 미서기창 칠 배수면적
    • 복잡한 창 : 1.7배
    • 간단한 창 : 1.1배

07 도배지 시공에 관한 내용이다. 초배지 1회 바름 시 필요한 도배면적을 산출하시오.

| 조건 |

- 바닥면적 : 4.5×6.0m
- 높이 : 2.6m
- 문 크기 : 0.9×2.1m
- 창문크기 : 1.5×3.6m

▶
- 천장 $= 4.5 \times 6.0 = 27$m²
- 벽면 $= \{2 \times (4.5 + 6.0) \times 2.6\} - \{(0.9 \times 2.1) + (1.5 \times 3.6)\}$
  $= (21 \times 2.6) - (1.89 + 5.4) = 54.6 - 7.29 = 47.31$m²
- ∴ 합계 $= 27 + 47.31 = 74.31$m²

08 도배지 시공에 관한 내용이다. 초배지 1회 바름 시 필요한 도배면적을 산출하시오.

| 조건 |

- 바닥면적 : 5.0×7.0m
- 높이 : 2.4m
- 문 크기 : 0.9×2.1m
- 창문크기 : 1.5×3.0m

▶
- 천장 $= 5.0 \times 7.0 = 35$m²
- 벽면 $= \{2 \times (5.0 + 7.0) \times 2.4\} - \{(0.9 \times 2.1) + (1.5 \times 3.0)\}$
  $= (24 \times 2.4) - (1.89 + 4.5) = 57.6 - 6.39 = 51.21$m²
- ∴ 합계 $= 35 + 51.21 = 86.21$m²

09 도배지 시공에 관한 내용이다. 초배지 1회 바름 시 필요한 도배면적을 산출하시오.

| 조건 |

- 바닥면적 : $3,500$mm $\times 4,800$mm
- 높이 : 2,800mm
- 문 크기 : 900mm $\times 2,100$mm
- 창문크기 : $1,800 \times 1,500$mm

▶
- 천장 $= 3.5 \times 4.8 = 16.8$m²
- 벽면 $= \{2 \times (3.5 + 4.8) \times 2.8\} - \{(0.9 \times 2.1) + (1.8 \times 1.5)\}$
  $= (16.6 \times 2.8) - (1.89 + 2.7) = 46.48 - 4.59 = 41.89$m²
- ∴ 합계 $= 16.8 + 41.89 = 58.69$m²

❶ 미장공사

- 벽체의 내부 정미면적(m^2)으로 산출한다.
- 공사부위별(바닥, 벽, 천장)로 구분하여 계산한다.
- 마감두께, 바탕종류, 공법, 마무리 종류별로 구분하여 계산한다.

(1) 소요면적 산출방법(단위 : m^2)

- 바닥면적(m^2) : 가로 × 세로
- 천장면적(m^2) : 가로 × 세로
- 벽면적(m^2) : 2 × (가로 + 세로) × 벽높이

예제

01 바닥규격 5m×10m, 높이 2.4m인 바닥, 천장, 벽면의 미장공사에 필요한 소요면적을 구하시오.

해설
- 바닥면적 : $5 \times 10 = 50m^2$
- 천장면적 : $5 \times 10 = 50m^2$
- 벽면적 : $2 \times (5 + 10) \times 2.4 = 72m^2$

02 바닥규격 7m×11m, 높이 2.5m인 바닥, 천장, 벽면의 미장공사에 필요한 소요면적을 구하시오.

해설
- 바닥면적 : $7 \times 11 = 77m^2$
- 천장면적 : $7 \times 11 = 77m^2$
- 벽면적 : $2 \times (7 + 11) \times 2.5 = 90m^2$

03 바닥규격 6m×18m, 높이 2.3m인 바닥, 천장, 벽면의 미장공사에 필요한 소요면적을 구하시오.

해설
- 바닥면적 : $6 \times 18 = 108m^2$
- 천장면적 : $6 \times 18 = 108m^2$
- 벽면적 : $2 \times (6 + 18) \times 2.3 = 110.4m^2$

---

(2) 소요인원 산출방법(단위 : 인)

소요인원(인) = 소요면적 × 미장공 단위수량(인)

① 미장공 단위수량(인)

바닥	15~24mm 미만	0.05
벽	초벌	0.03
	재벌	0.05
	마감	0.05
천장	초벌	0.04
	재벌	0.06
	마감	0.06

04 바닥을 모르타르로 미장할 때 소요면적에 대한 미장공의 소요인원을 구하시오(단, 바닥면적 9m×15m).

해설 소요면적 $= 9 \times 15 = 135\text{m}^2$

$\therefore$ 소요인원 $= 135 \times 0.05 = 6.75$(인)

05 실내벽을 모르타르로 미장할 때 소요면적에 대한 미장공의 소요인원을 구하시오(단, 바닥면적 9m×15m, 벽높이 2.4m).

해설 소요면적 $= 2 \times (9+15) \times 2.4 = 115.2\text{m}^2$

$\therefore$ 소요인원 $= 115.2 \times (0.03+0.05+0.05) = 14.97 = 15$(인)

06 실내천장을 모르타르로 미장할 때 소요면적에 대한 미장공의 소요인원을 구하시오(단, 바닥면적 10m×12m).

해설 소요면적 $= 10 \times 12 = 120\text{m}^2$

$\therefore$ 소요인원 $= 120 \times (0.04+0.06+0.06) = 19.2 = 19$(인)

(3) 소요일수 산출방법(단위 : 일)

$$소요일수(일) = \frac{소요인원(인)}{1일\ 소요인원(인)}$$

① 소요인원 : 소요면적 × 미장공 단위수량
② 1일 소요인원 : 문제에서 주어짐

07 바닥의 미장면적 600m²를 1일에 미장공 5명을 동원할 경우 작업에 필요한 소요일수를 구하시오.

해설 소요인원 : 600×0.05(인) $= 30$(인)

$\therefore$ 소요일수 : $\dfrac{30(\text{인})}{5(\text{인})} = 6$(일)

08 천장의 미장면적 300m²를 1일에 미장공 2명을 동원할 경우 작업에 필요한 소요일수를 구하시오.

해설 소요인원 : $300 \times (0.04+0.06+0.06) = 48$(인)

$\therefore$ 소요일수 : $\dfrac{48(\text{인})}{2(\text{인})} = 24$(일)

(4) 모르타르량 산출방법(단위 : m³)

$$모르타르량(\text{m}^3) = 소요면적 \times 미장\ 바름두께$$

① 미장 바름두께(표준시방)

바닥	24mm → 0.024m
외벽	24mm → 0.024m
내벽	18mm → 0.018m
천장	15mm → 0.015m

09 실내바닥을 모르타르로 미장시공 할 때 모르타르량을 산출하시오(단, 바닥규격 : 5m×10m).

[해설] 바닥면적 : $5 \times 10 = 50m^2$

∴ 모르타르량 : $50 \times 0.024 = 1.2m^3$

10 실내천장을 모르타르로 미장시공 할 때 모르타르량을 산출하시오(단, 바닥규격 : 5m×10m).

[해설] 천장면적 : $5 \times 10 = 50m^2$

∴ 모르타르량 : $50 \times 0.015 = 0.75m^3$

11 실내벽을 모르타르로 미장할 때 모르타르량을 산출하시오(단, 바닥규격 : 5m×10m, 벽높이 : 2.4m).

[해설] 벽면적 : $2 \times (5 + 10) \times 2.4 = 72m^2$

∴ 모르타르량 : $72 \times 0.018 = 1.296m^3$

01 바닥의 미장면적 $500m^3$를 1일에 미장공 4명을 동원할 경우 작업완료에 필요한 소요일수를 산출하시오.

구분	단위	수량
미장공	인	0.05

⊙ 소요인원 : $500m^2 \times 0.05$인 = 25(인)

∴ 소요일수 : $\dfrac{25(인)}{4(인)}$ = 6.25(일)

02 바닥의 미장면적 $300m^3$를 1일에 미장공 2명을 동원할 경우 작업완료에 필요한 소요일수를 산출하시오.

구분	단위	수량
미장공	인	0.05

⊙ 소요인원 : $300m^2 \times 0.05$인 = 15(인)

∴ 소요일수 : $\dfrac{15(인)}{2(인)}$ = 7.5(일)

03 실내 내부바닥을 모르타르로 미장시공 할 때 모르타르량을 산출하시오(단, 바닥의 규격은 $6m \times 8m$이며, 바름두께는 표준시방에 정한 바를 따른다).

⊙ 모르타르량 : $6m \times 8m \times 0.024 = 1.152m^3$

※ 미장 바름두께(표준시방)
  - 바닥 : 24mm
  - 외벽 : 24mm
  - 내벽 : 18mm
  - 천장 : 15mm

04 실내천장을 모르타르로 미장시공 할 때 모르타르량을 산출하시오(단, 천장의 규격은 $7m \times 11m$이며, 바름 두께는 표준시방에 정한 바를 따른다).

⊙ 모르타르량 : $7m \times 11m \times 0.015 = 1.155m^3$

05 실내 내벽을 모르타르로 미장시공 할 때 모르타르량을 산출하시오(단, 바닥면적 $9m \times 15m$이며, 벽높이 2.8m 바름 두께는 표준시방에 정한 바를 따른다).

⊙ 벽면적 = $2 \times (9m + 15m) \times 2.8m = 134.4m^2$

∴ 모르타르량 : $134.4 \times 0.018 = 2.4192m^3$

06 실내천장을 모르타르로 미장할 때 소요면적에 대한 미장공의 인원을 구하시오(단, 바닥면적 : 9m×15m).

구분	단위	수량
천장	초벌 바르기	0.04
	재벌 바르기	0.06
	마감 바르기	0.06

소요면적 : $9 \times 15 = 135m^2$
∴ 소요인원 : $135 \times (0.04 + 0.06 + 0.06) = 21.6$인

07 내력벽을 모르타르로 미장할 때 소요면적에 대한 미장공의 인원을 구하시오(단, 바닥면적 : 9m×15m, 벽높이 : 2.8m).

구분	단위	수량
벽	초벌 바르기	0.03
	재벌 바르기	0.05
	마감 바르기	0.05

소요면적 : $2 \times (9 + 15) \times 2.8 = 134.4m^2$
∴ 미장공 : $134.4 \times (0.03 + 0.05 + 0.05) = 17.4$인

❶ 유리공사

- 유리 한 장의 면적에 장수를 곱하여 합계면적을 산출한다.
- 유리의 표면적에 손실량은 15~20%를 가산한다.
- 유리끼우기 홈의 깊이(보통 7.5mm 정도)를 고려한다.

(1) 유리면적 산출방법(단위 : m²)

- 한 장의 유리면적(m²) : 길이 − 프레임 두께 + 홈의 깊이(7.5mm)
- 총유리면적(m²) : 한 장의 유리면적 × 4(2중창) × 개수(개소)

※ 한 장의 유리면적 = 가로세로를 각각 산출

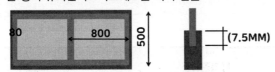

예제

01 다음 미서기 2중창을 20개소에 설치할 때 유리면적을 산출하시오(단, 유리
    끼우기 홈의 깊이는 7.5mm를 적용한다).
    [해설] 유리면적 : $(0.64 - 0.08 - 0.08 + 0.0075 + 0.0075)$
    $\times (1.2 - 0.08 - 0.08 + 0.0075 + 0.0075)$
    $= 0.495 \times 1.055 = 0.522225 \text{m}^2$
    ∴ 총유리면적 : $0.522225 \times 4 \times 20 = 41.778 \text{m}^2$

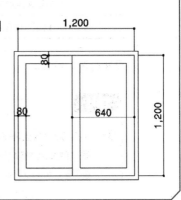

(2) 소요인원 산출방법(단위 : 인)

소요인원(인) = 소요면적 × 유리공 단위수량(인)

① 유리공 단위수량(m²당)

목재창호	3mm 이하	0.09
알루미늄 및 플라스틱	3mm 이하	0.10
	5mm 이하	0.15
강재창호	3mm 이하	0.11
	5mm 이하	0.17

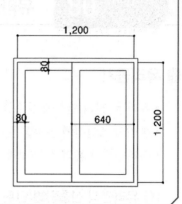

예제

02 목재 미서기 2중창을 20개소에 설치할 때 유리면적과 소요인원을 산출하시오(단, 유리끼우기 홈의 깊이는 7.5mm를 적용한다).

해설
- 유리면적 : $(0.64-0.08-0.08+0.0075+0.0075)$
  $\times (1.2-0.08-0.08+0.0075+0.0075)$
  $=0.495 \times 1.055 = 0.522225 \text{m}^2$
- 총유리면적 : $0.522225 \times 4 \times 20 = 41.778 \text{m}^2$
- 소요인원 : $41.778 \times 0.09(\text{인/m}^2) = 3.76002 = 4\text{인}$

(3) 유리블록 산출방법

유리블록량＝가로×세로×타일매수

① 유리블록 사이즈

규격(mm)	품 유리공(인)	비고
240×240×95	0.05(인)	16매/m²
145×300×95	0.04(인)	21매/m²
115×115×95	0.025(인)	64매/m²

② 줄눈간격 : 10mm

예제

03 가로 5m×세로 2m의 벽면에 유리블록을 전면쌓기로 시공하려 한다. 블록사이즈는 240mm×240mm×95mm의 규격을 기준으로 해당 면적의 유리블록량을 산출하시오.

해설 240mm(블록사이즈) + 10mm(줄눈) = 250mm → 0.25m

$$\frac{1\text{m}^2}{0.25 \times 0.25} = 16\text{매}$$

(가로)5m × (세로)2m × 16매 = 160매

04 가로 6m×세로 5m의 벽면에 유리블록을 전면쌓기로 시공하려 한다. 블록사이즈는 190mm×190mm×90mm의 규격을 기준으로 해당 면적의 유리블록량을 산출하시오.

해설 190mm(블록사이즈) + 10mm(줄눈) = 200mm → 0.2m

$$\frac{1\text{m}^2}{0.2 \times 0.2} = 25\text{매}$$

(가로)6m × (세로)5m × 25매 = 750매

05 가로 3m×세로 2m의 벽면에 유리블록을 전면쌓기로 시공하려 한다. 블록사이즈는 115mm×115mm×95mm의 규격을 기준으로 해당 면적의 유리블록량을 산출하시오.

해설 115mm(블록사이즈) + 10mm(줄눈) = 125mm → 0.125m

$$\frac{1\text{m}^2}{0.125 \times 0.125} = 64\text{매}$$

(가로)3m × (세로)2m × 64매 = 384매

01 다음 도면은 미서기 창호의 입면이다. 유리면적을 산출하시오(단, 유리끼우기 홈의 깊이는 7.5mm를 적용하고 유리면적의 값은 소수 하위 끝까지 모두 산출한다).

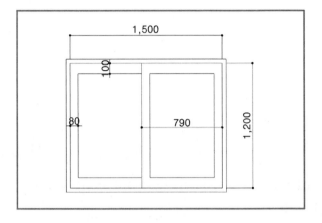

⊙ 유리면적 : $(0.79 - 0.08 - 0.08 + 0.0075 + 0.0075)$
$\times (1.2 - 0.1 - 0.1 + 0.0075 + 0.0075)$
$= 0.645 \times 1.015 \times 2장 = 1.30935m^2$

02 다음 도면과 같은 미서기 2중창을 15개소에 설치할 때, 유리면적을 산출하시오(단, 유리끼우기 홈의 깊이는 7.5mm를 적용하고 유리면적의 값은 소수 하위 끝까지 모두 산출한다).

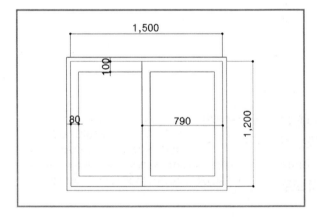

⊙ 유리면적 : $(0.79 - 0.08 - 0.08 + 0.0075 + 0.0075)$
$\times (1.2 - 0.1 - 0.1 + 0.0075 + 0.0075)$
$= 0.645 \times 1.015 = 0.654675m^2$
∴ 총유리면적 : $0.654675 \times 4장 \times 15개소 = 39.2805m^2$

03 다음 도면의 알루미늄 미서기 2중창을 15개소에 설치할 때, 유리면적과 소요인원을 산출하시오(단, 두께 3mm 유리 사용, 유리끼우기 홈의 깊이는 7.5mm를 적용하고 유리면적의 값은 소수 하위 끝까지 모두 산출한다).

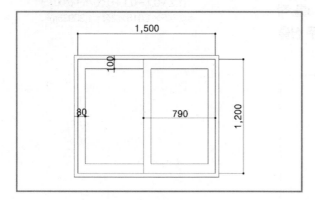

⊙ • 유리면적 : $(0.79 - 0.08 - 0.08 + 0.0075 + 0.0075)$
  $\times (1.2 - 0.1 - 0.1 + 0.0075 + 0.0075)$
  $= 0.645 \times 1.015 = 0.654675m^2$
• 총유리면적 : 0.654675×4장 $\times 15$개소 $= 39.2805m^2$
• 소요인원 : $39.2805 \times 0.10(인/m^2) = 3.92805(인)$

04 다음 도면의 목재 네 짝 미서기 창호를 10개소에 설치할 때 유리면적과 소요인원을 산출하시오(단, 유리끼우기 홈의 깊이는 7.5mm를 적용하고 유리면적의 값은 소수 하위 끝까지 모두 산출한다).

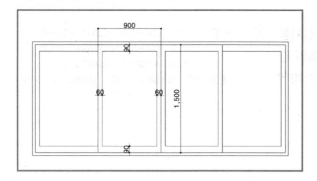

⊙ • 유리면적 : $(0.9 - 0.06 - 0.06 + 0.0075 + 0.0075)$
  $\times (1.5 - 0.09 - 0.09 + 0.0075 + 0.0075)$
  $= 0.795 \times 1.335 = 1.061325m^2$
• 총유리면적 : 1.061325×4장 $\times 10$개소 $= 42.453m^2$
• 소요인원 : $42.453 \times 0.09(인/m^2) = 3.82077(인)$

05 다음 도면의 알루미늄 미서기 2중창을 10개소에 설치할 때, 유리면적과 소요인원을 산출하시오(단, 두께 3mm 유리 사용, 유리끼우기 홈의 깊이는 7.5mm를 적용하고 유리면적의 값은 소수 하위 끝까지 모두 산출한다).

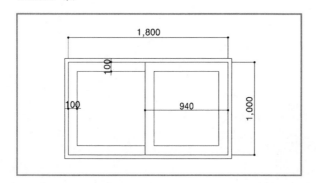

⊙ • 유리면적 : $(0.94 - 0.1 - 0.1 + 0.0075 + 0.0075)$
  $\times (1.0 - 0.1 - 0.1 + 0.0075 + 0.0075)$
  $= 0.755 \times 0.815 = 0.615325m^2$
• 총유리면적 : 0.615325×4장 $\times 10$개소 $= 24.613m^2$
• 소요인원 : $24.613 \times 0.10(인/m^2) = 2.4613(인)$

06 가로 4m, 세로 3m의 벽면에 유리블록을 전면쌓기로 시공하려 한다. 블록사이즈는 $250 \times 250 \times 95$의 규격을 기준으로 해당 면적의 유리블록 정미량을 산출하시오.

- $250 + 10 = 260mm \rightarrow 0.26m$
- $\dfrac{1m^2}{0.26 \times 0.26} = 14.79$매

∴ $4m \times 3m \times 14.79$매 $= 177$매

07 가로 10m, 세로 8m의 벽면에 유리블록을 전면쌓기로 시공하려 한다. 블록사이즈는 $190 \times 190 \times 90$의 규격을 기준으로 해당 면적의 유리블록 정미량을 산출하시오.

- $190 + 10 = 200mm \rightarrow 0.2m$
- $\dfrac{1m^2}{0.2 \times 0.2} = 25$매

∴ $10m \times 8m \times 25$매 $= 2,000$매

08 가로 3m, 세로 2m의 벽면에 유리블록을 전면쌓기로 시공하려 한다. 블록사이즈는 $240 \times 240 \times 95$의 규격을 기준으로 해당 면적의 유리블록 정미량을 산출하시오.

- $240 + 10 = 250mm \rightarrow 0.25m$
- $\dfrac{1m^2}{0.25 \times 0.25} = 16$매

∴ $3m \times 2m \times 16$매 $= 96$매

❶ 품질 시험방법

① 관리시험 : 건축공사 시 공사에 사용되는 재료의 품질을 검사하고 이를 관리하여 구조물의 질을 확보하기 위한 시험이다.

② 검사시험 : 관리시험의 적정 여부를 확인하기 위하여 완성된 건설공사의 품질을 조사하는 시험이다.

❷ 검사관리 계산법

(1) 목재의 함수율 산출방법(단위 : %)

※ 함수율 : 목재 속에 함유된 수분의 목재 자신에 대한 중량비를 말한다.

$$목재함수율(\%) = \frac{나무무게 - 전건무게}{전건무게(중량)} \times 100\%$$

섬유포화점	함수율이 30%이고 세포 속에 수분이 없고, 세포막에 수분이 가득 찬 상태
기건상태(기건재)	함수율이 12~15%이고, 세포막의 수분이 대기 속에서 건조하지 않은 소량의 수분만 남아 있는 상태
전건상태(전건재)	함수율이 0%인 상태

> **예제**
>
> **01** 10cm×10cm 각, 길이 6m인 나무의 무게가 15kg, 전건중량이 10.8kg일 때 나무의 함수율을 구하시오.
>
> 해설 $\frac{15 - 10.8}{10.8} \times 100 = \frac{4.2}{10.8} \times 100 = 38.8888\%$
>
> **02** 나무의 전건중량이 250g, 함수중량이 400g일 때 나무의 함수율을 구하시오.
>
> 해설 $\frac{400 - 250}{250} \times 100 = \frac{150}{250} \times 100 = 60\%$
>
> **03** 15cm×15cm 각, 길이 2m인 나무의 무게가 30kg일 때 나무의 함수율은 얼마인가?(단, 나무의 비중은 0.50이다)
>
> 해설 • 목재의 크기 : 15cm × 15cm × 200cm = 45,000cm³
>
> • 전건중량 : 45,000 × 0.5(비중) = 22,500g(= 22.5kg)
>
> ∴ 함수량 : $\frac{30 - 22.5}{22.5} \times 100 = \frac{7.5}{22.5} \times 100 = 33.33333\%$

(2) 벽돌의 압축강도 산출방법(단위 : MPa, N/mm²)

시멘트 창고의 크기는 100포당 2~3m²로 한다.

$$벽돌의 압축강도(N/mm^2) = \frac{최대하중(P)}{시험체의 단면적(A_1)}$$

※ 단위변환 : 1t(톤) = 1,000kg, 1kg = 9.8N = 1MPa = 1N/mm²

예제

04 시멘트 벽돌의 압축강도 시험결과 벽돌이 14.2ton에서 파괴되었다. 이때 시멘트 벽돌의 평균 압축강도를 구하시오(단, 벽돌의 단면적 190mm×90mm).

해설 $\dfrac{14,200\text{kg} \times 9.8}{190\text{mm} \times 90\text{mm}} = \dfrac{139,160\text{N}}{17,100\text{mm}^2} = 8.13\text{MPa}$

05 시멘트 벽돌의 압축강도 시험결과 벽돌이 14.2ton, 14ton, 13.8ton에서 파괴되었다. 이때 시멘트 벽돌의 평균 압축강도를 구하시오(단, 벽돌의 단면적 190mm×90mm).

해설 ·$\dfrac{14,200\text{kg} \times 9.8}{190\text{mm} \times 90\text{mm}} = \dfrac{139,160\text{N}}{17,100\text{mm}^2} = 8.138\text{MPa}$

·$\dfrac{14,000\text{kg} \times 9.8}{190\text{mm} \times 90\text{mm}} = \dfrac{137,200\text{N}}{17,100\text{mm}^2} = 8.023\text{MPa}$

·$\dfrac{13,800\text{kg} \times 9.8}{190\text{mm} \times 90\text{mm}} = \dfrac{135,240\text{N}}{17,100\text{mm}^2} = 7.908\text{MPa}$

∴ $\dfrac{8.138 + 8.023 + 7.908}{3} = \dfrac{24.069}{3} = 8.023\text{MPa}$

(3) 블록의 압축강도 산출방법(단위 : MPa, N/mm²)

중공부분을 포함한 시험체의 전단면적에 대한 압축강도를 산출한다.

$$\text{블록의 압축강도}(\text{N/mm}^2) = \frac{\text{최대하중}(\text{N})}{\text{시험체의 단면적}(\text{mm}^2)}$$

예제

06 최대하중 300kN 블록의 전단면 압축강도를 구하시오(단, 블록길이 : 390mm×150mm, 높이 : 190mm).

해설 $\dfrac{300\text{kN} \times 10^3}{390\text{mm} \times 150\text{mm}} = \dfrac{300,000\text{N}}{58,500\text{mm}} = 5.12\text{MPa}$

07 최대하중 500kN 블록의 전단면 압축강도를 구하시오(단, 블록길이 : 390mm×150mm, 높이 : 190mm).

해설 $\dfrac{500\text{kN} \times 10^3}{390\text{mm} \times 150\text{mm}} = \dfrac{500,000\text{N}}{58,500\text{mm}} = 8.54\text{MPa}$

08 최대하중 400kN 블록의 전단면 압축강도를 구하시오.

· 블록길이 : 390mm　　· 너비 : 150mm　　· 높이 : 190mm
· 블록살두께 : 25mm　　· 전면살두께 : 25mm　　· 속빈너비 : 70mm　　· 블록두께 : 150kg

해설 $\dfrac{400\text{kN} \times 10^3}{390\text{mm} \times 150\text{mm}} = \dfrac{400,000\text{N}}{58,500} = 6.83\text{MPa}$

(4) 시멘트 저장을 위한 창고면적 산출방법(단위 : m²)

시멘트 창고의 크기는 100포당 2~3m²로 한다.

① 600포대 이내

$$창고면적(m^2) = 0.4 \times \frac{N(시멘트포대\ 수)}{n(쌓기단수/최대\ 13포대)}$$

② 1,800포대 초과

$$창고면적(m^2) = 0.4 \times \frac{N(시멘트포대\ 수)}{n(쌓기단수/최대\ 13포대)} \times \frac{1}{3}$$

예제

09 요구된 현장에 시멘트 300포를 저장하려고 한다. 저장을 위한 창고면적을 구하시오(단, 쌓기 단수는 12단).

해설 $0.4 \times \dfrac{300}{12} = 0.4 \times 25 = 10 m^2$

10 현장에 시멘트 600포를 저장하려고 한다. 저장을 위한 창고면적을 구하시오(단, 쌓기 단수는 12단).

해설 $0.4 \times \dfrac{600}{12} = 0.4 \times 50 = 20 m^2$

11 현장에 시멘트 500포를 저장하려고 한다. 저장을 위한 창고면적을 구하시오(단, 쌓기 단수는 13단).

해설 $0.4 \times \dfrac{500}{13} = 0.4 \times 38.46 = 15.38 = 16 m^2$

---

01 10×10cm 각, 길이 6m인 나무의 무게가 13kg, 전건 중량이 10.8kg일 때 이 나무의 함수율은 얼마인가?

⊙ 함수율 $= \dfrac{\text{나무무게} - \text{전건무게}}{\text{전건무게(중량)}} \times 100 = \dfrac{13 - 10.8}{10.8} \times 100$

$= \dfrac{2.2}{10.8} \times 100 = 20.370\%$

02 30×30cm 각, 길이 5m인 나무의 무게가 20kg, 전건중량이 15kg이라면 이 나무의 함수율은 얼마인가?

⊙ 함수율 $= \dfrac{\text{나무무게} - \text{전건무게}}{\text{전건무게(중량)}} \times 100 = \dfrac{20 - 15}{15} \times 100$

$= \dfrac{5}{15} \times 100 = 33.3333\%$

03 나무의 전건중량이 200g이며, 함수중량은 300g이다. 이때 나무의 함수율을 구하시오.

⊙ 함수율 $= \dfrac{\text{나무무게} - \text{전건무게}}{\text{전건무게(중량)}} \times 100 = \dfrac{300 - 200}{200} \times 100$

$= \dfrac{100}{200} \times 100 = 50\%$

04 나무의 전건중량이 300g이며, 함수중량은 500g이다. 이때 나무의 함수율을 구하시오.

⊙ 함수율 $= \dfrac{\text{나무무게} - \text{전건무게}}{\text{전건무게(중량)}} \times 100 = \dfrac{500 - 300}{300} \times 100$

$= \dfrac{200}{300} \times 100 = 66.6666\%$

05 10cm 각, 길이 2m인 나무의 무게가 15kg이라면 이 나무의 함수율은?(단, 나무의 비중은 0.5이다)

⊙ · 목재의 체적 = 10cm×10cm×200cm = 20,000cm³
· 전건중량 = 20,000×0.5(비중) = 10,000g(= 10kg)
· 목재의 건조 전 중량 = 15kg = 15,000g

∴ 함수율 $= \dfrac{\text{나무무게} - \text{전건무게}}{\text{전건무게}} \times 100$

$= \dfrac{15\text{kg} - 10\text{kg}}{10\text{kg}} \times 100 = 50\%$

06 최대하중 300kN 블록의 전단면 압축강도를 구하시오.

| 조건 |

- 블록길이 : 390mm   · 너비 : 150mm
- 높이 : 190mm   · 블록살두께 : 25mm
- 전면살두께 : 25mm   · 속빈너비 : 70mm
- 블록무게 : 150kg

⊙ 블록의 압축강도 $= \dfrac{\text{최대하중}}{\text{시험체의 전단면적}} = \dfrac{300\text{kN} \times 10^3}{390\text{mm} \times 150\text{mm}}$

$= \dfrac{300,000\text{N}}{58,500\text{mm}} = 5.12\text{MPa}$

07 요구된 현장에 시멘트 200포를 저장하려고 한다. 저장을 위한 창고면적을 구하시오(단, 쌓기 단수는 12단).

⊙ 창고면적 $A(m^2)=0.4\times\dfrac{N}{n}=0.4\times\dfrac{200}{12}$
$=0.4\times16.66=6.66m^2$

08 요구된 현장에 시멘트 500포를 저장하려고 한다. 저장을 위한 창고면적을 구하시오(단, 쌓기 단수는 12단).

⊙ 창고면적 $A(m^2)=0.4\times\dfrac{N}{n}=0.4\times\dfrac{500}{12}$
$=0.4\times41.66=16.66m^2$

① 비용구배(Cost Slope)

단위작업을 1일 단축하는 데 필요한 증가비용을 말한다.

(1) 비용구배 산출방법(단위 : 원/일)

$$비용구배(원/일) = \frac{급속비용 - 표준비용}{표준공기 - 급속공기}$$

> **예제**
>
> **01** 공기단축 시 공사비의 비용구배를 산출하시오(단, 표준공기 12일, 급속공기 10일, 표준비용 1,000원, 급속비용 3,000원이다).
>
> 해설 $\dfrac{3,000 - 1,000}{12 - 10} = \dfrac{2,000}{2} = 1,000(원/일)$
>
> **02** 어느 건설공사의 한 작업이 정상적으로 시공할 때 공사기일은 13일, 공사비는 170,000원이고, 특급으로 시공할 때 공사기일은 10일, 공사비는 320,000원이라고 할 때, 공사의 공기단축 시 필요한 비용구배를 구하시오.
>
> 해설 $\dfrac{320,000 - 170,000}{13 - 10} = \dfrac{150,000}{3} = 50,000(원/일)$
>
> **03** 어느 인테리어 공사의 한 작업이 정상적으로 시공할 때 공사기일은 10일, 공사비는 10,000,000원이고 특급으로 시공할 때 공사기일은 6일, 공사비는 14,000,000원이라고 할 때, 공사의 단축 시 필요한 비용구배를 구하시오.
>
> 해설 $\dfrac{14,000,000 - 10,000,000}{10 - 6} = \dfrac{4,000,000}{4} = 1,000,000(원/일)$

(2) 추가비용 산출방법(단위 : 원/일)

$$추가비용(원/일) = 급속비용 - 표준비용$$

> **예제**
>
> **04** 다음 공사기간을 5일 단축하려고 한다. 추가비용을 구하시오.
>
> | 구분 | 표준공기 | 표준비용 | 급속공기 | 급속비용 |
> |---|---|---|---|---|
> | A | 3 | 60,000 | 2 | 90,000 |
> | B | 2 | 30,000 | 1 | 50,000 |
> | C | 4 | 70,000 | 2 | 100,000 |
> | D | 3 | 50,000 | 1 | 90,000 |
>
> 해설 $A = \dfrac{90,000 - 60,000}{3 - 2} = \dfrac{30,000}{1} = 30,000(원/일)$
>
> $B = \dfrac{50,000 - 30,000}{2 - 1} = \dfrac{20,000}{1} = 20,000(원/일)$
>
> $C = \dfrac{100,000 - 70,000}{4 - 2} = \dfrac{30,000}{2} = 15,000(원/일)$

$$D = \frac{90,000 - 50,000}{3 - 1} = \frac{40,000}{2} = 20,000(원/일)$$

구분	추가비용	단축일수
A	30,000	1
B	20,000	1
C	15,000	2
D	20,000	2

추가비용이 적은 금액과 단축일수를 고려해서 선택한다.

(B)20,000 + (C)15,000×2 + (D)20,000×2 = 90,000원

01 어느 건설공사의 한 작업이 정상적으로 시공할 때 공사기일은 12일, 공사비는 150,000원이고, 특급으로 시공할 때 공사기일은 10일, 공사비는 300,000원이라고 할 때 이 공사의 공기단축 시 필요한 비용구배를 구하시오.

$$\frac{300{,}000-150{,}000}{12-10}=\frac{150{,}000}{2}=75{,}000원/일$$

02 어느 건설공사의 한 작업이 정상적으로 시공할 때 공사기일은 15일, 공사비는 1,000,000원이고, 특급으로 시공할 때 공사기일은 10일, 공사비는 1,500,000원이라면 공기단축 시 필요한 비용구배를 구하시오.

$$\frac{1{,}500{,}000-1{,}000{,}000}{15-10}=\frac{500{,}000}{5}=100{,}000원/일$$

03 어느 건설공사의 한 작업이 정상적으로 시공할 때 공사기일은 10일, 공사비는 700,000원이고, 특급으로 시공할 때 공사기일은 6일, 공사비는 900,000원이라고 할 때 이 공사의 공기단축 시 필요한 비용구배를 구하시오.

$$\frac{900{,}000-700{,}000}{10-6}=\frac{200{,}000}{4}=50{,}000원/일$$

04 어느 건축공사의 한 작업이 정상적으로 시공할 때 공사기일은 10일, 공사비는 70,000원이고, 특급으로 시공할 때 공사기일은 7일, 공사비는 100,000원이라 할 때, 이 공사의 공기단축 시 필요한 비용구배를 구하시오.

$$\frac{100{,}000-70{,}000}{10-7}=\frac{30{,}000}{3}=10{,}000원/일$$

05 어느 인테리어 공사의 한 작업이 정상적으로 시공할 때 공사기일은 10일, 공사비는 10,000,000원이고, 특급으로 시공할 때 공사기일은 5일, 공사비는 15,000,000원이라 할 때 이 공사의 공기단축 시 필요한 비용구배를 구하시오.

$$\frac{15{,}000{,}000-10{,}000{,}000}{10-5}=\frac{5{,}000{,}000}{5}$$
$$=1{,}000{,}000원/일$$

06 다음은 공기단축의 공사계획이다. 비용구배가 가장 큰 작업순서대로 나열하시오.

구분	표준공기	표준비용	급속공기	급속비용
A	4	6,000	2	9,000
B	15	14,000	14	16,000
C	7	5,000	4	8,000

⊙ • A : $\dfrac{9,000-6,000}{4-2}=1,500$원/일

• B : $\dfrac{16,000-14,000}{15-14}=2,000$원/일

• C : $\dfrac{8,000-5,000}{7-4}=1,000$원/일

정답 : B-A-C

07 다음 공사의 공기단축 시 필요한 비용구배를 구하시오.

| 조건 |

- A : 표준공기 3일, 표준비용 6,000원, 급속공기 2일, 급속비용 9,000원이다.
- B : 표준공기 15일, 표준비용 14,000원, 급속공기 14일, 급속비용 16,000원이다.
- C : 표준공기 7일, 표준비용 5,000원, 급속공기 4일, 급속비용 8,000원이다.

⊙ • A : $\dfrac{9,000-6,000}{3-2}=3,000$원/일

• B : $\dfrac{16,000-14,000}{15-14}=2,000$원/일

• C : $\dfrac{8,000-5,000}{7-4}=1,000$원/일

08 다음 공사의 공기단축 시 필요한 비용구배를 구하시오.

| 조건 |

- A : 표준공기 12일, 표준비용 8만 원, 급속공기 8일, 급속비용 15만 원
- B : 표준공기 10일, 표준비용 6만 원, 급속공기 6일, 급속비용 10만 원

⊙ • A : $\dfrac{150,000-80,000}{12-8}=17,500$원/일

• B : $\dfrac{100,000-60,000}{10-6}=10,000$원/일

❶ 공정계획

공사계획을 기본으로 공사기간 내에 공사를 완성할 수 있도록 공사내용 및 공사규모를 확인하여 각 공정별 작업에 필요한 소요기간을 계산하고, 공정의 순위계획과 일정계획을 작성하는 것이다.

(1) 횡선식 공정표

① 각 공정별 전체의 공정시기가 일목요연하다.

② 각 공정별 착수 및 종료일이 명시되어 판단이 용이하다.

③ 작성이 비교적 쉽고 이해하기 쉽다.

(2) 사선식 공정표

① 공사 지연에 조속히 대처할 수 있다.

② 전체 기성고 파악이 용이하다.

③ 네트워크 공정표 보조수단으로 사용 가능하다.

(3) 네트워크 공정표

공기단축에 효과적인 공사관리기술기법으로 각 공정별 공사의 연계, 공사기간 등이 명료하게 표현되는 공정표이다.

① 장점

• 개개의 작업 관련이 세분 도시되어 있어 내용을 알기 쉽고 공정관리가 편리하다.

• 작성자 이외의 사람도 이해하기 쉽고 공사의 진척상황이 누구에게나 알려지게 된다.

• 숫자화되어 신뢰도가 높으며 전자계산기 이용이 가능하다.

• 개개 공사의 완급 정도와 상호 관계가 명료하고 공사 단축 가능 요소의 발견이 용이하다.

② 공정순서

전체 프로젝트 단위작업으로 분해 → 네트워크 작성 → 각 작업의 작업시간 작성 → 일정 계산 → 공사기일 조정 → 공정도 작성

③ 네트워크 작성에 사용되는 기호

㉠ 결합점(Event, Node) : 동그라미(○)로 표기하며, 작업과 작업을 연결하는 단계로 시작이나 완료시점을 나타낸다.

㉡ 작업(Activity) : 실선 화살표(→)로 표기하며, 프로젝트를 구성하는 하나의 단위작업이다.

㉢ 더미(Dummy) : 점선 화살표(⇢)로 표기하며, 작업 상호 간의 유기적 연관성 및 작업의 분할 등을 표시한 것이다.

④ 일정계산 용어

　　㉠ 시간(Time)

가장 빠른 착수시간 (EST : Earliest Starting Time)	작업을 시작하는 가장 빠른 시간
가장 빠른 종료시간 (EFT : Earliest Finishing Time)	작업을 종료하는 가장 빠른 시간
가장 늦은 착수시간 (LST : Latest Starting Time)	프로젝트의 공기에 영향이 없는 범위 내에서 작업을 가장 늦게 시작해도 좋은 시간
가장 늦은 종료시간 (LFT : Latest Finishing Time)	프로젝트의 공기에 영향이 없는 범위 내에서 작업을 가장 늦게 종료해도 좋은 시간

　　㉡ 경로(Path)

주공정선 (CP : Critical Path)	• 최장 경로 • 작업의 시작점에서 종료점에 이르는 가장 긴 경로(굵은선)
최장패스 (LP : Longest Path)	• 가장 긴 경로 • 두 결합점의 경로 중 소요시간이 가장 긴 경로

　　㉢ 여유시간(Float) : 작업공간이 가지는 여유시간

총여유 (TF : Total Float)	선행작업이 가장 빠른 착수시간으로 착수되고 또한 모든 후속작업이 가장 늦은 착수시간으로 착수될 때 이용 가능한 작업 여유시간
자유여유 (FF : Free Float)	가장 빠른 착수시간으로 작업될 때 해당 작업이 이용 가능한 여유시간으로 후속작업에 영향을 주지 않는 여유시간
간섭여유 (DF : Dependent Float)	후속작업의 총여유(TF)에 영향을 주는 여유시간
슬랙 (Slack)	결합점이 가지는 여유시간

01 횡선식 공정표와 사선식 공정표의 장점을 〈보기〉에서 고르시오.

| 보기 |

> ① 공사의 기성고를 표시하는 데 편리하다
> ② 각 공정별 전체의 공정시기가 일목요연하다.
> ③ 각 공정별 착수 및 종료일이 명시되어 판단이 용이하다.
> ④ 전체 공사의 진척 정도를 표시하는 데 유리하다.

(1) 횡선식 공정표 :

(2) 사선식 공정표 :

⊙ (1) 횡선식 공정표 : ②, ③
　 (2) 사선식 공정표 : ①, ④

02 다음은 네트워크 공정표에 관련된 용어의 설명이다. 해당되는 용어를 쓰시오.

(1) 작업을 개시할 수 있는 가장 빠른 시일(　　　　)

(2) 작업의 여유시간(　　　　)

(3) 화살선으로 표현할 수 없는 작업의 상호관계를 표시하는 화살표(　　　　)

(4) 어떤 작업의 개시점과 동시에 완료점의 의미
　　(　　　　)

⊙ ① EST
　 ② 여유시간(Float)
　 ③ 더미(Dummy)
　 ④ 결합점(Event)

03 다음에서 설명하는 내용은 무엇인가?

> 공사진행 도중 공기 단축 시 드는 금액을 1일별로 분할 계산한 것으로 표준공기와 급속공기의 차감액을 기준으로 계산한다.

⊙ 비용구배(Cost Slope)

04 다음 괄호 안에 알맞은 용어를 쓰시오.

> PERT Network에서 (　①　)는 하나의 Event에서 다음 Event로 가는 데 요하는 작업을 뜻하며, (　②　)을 소비하는 부분으로 물자를 필요로 한다.

①　　　　　　　②

⊙ ① Activity
　 ② 시간

05 공정표에서 작업 상호 간 연관관계만 나타내는 명목
상의 작업인 더미의 종류 3가지를 쓰시오.

① _____ ② _____ ③ _____

○ ① 넘버링 더미(Numbering Dummy)
② 로지컬 더미(Logical Dummy)
③ 타임랙 더미(Time Lag Dummy)

06 다음 〈보기〉의 각종 관리내용을 관리의 목표와 관리
의 수단으로 분류하여 번호를 쓰시오.

| 보기 |

┌─────────────────────────────┐
│ ① 원가관리   ② 자원관리 │
│ ③ 설비관리   ④ 품질관리 │
│ ⑤ 자금관리   ⑥ 공정관리 │
│ ⑦ 인력관리   │
└─────────────────────────────┘

(1) 관리목표 :
(2) 관리수단 :

○ (1) 관리목표 : ①, ④, ⑥
(2) 관리수단 : ②, ③, ⑤, ⑦

❶ 네트워크(Network) 공정표

- 공기단축에 효과적인 공사관리기술법으로 공정별 공사연계, 공사기간 등이 명료하게 표현된다.
- 작업을 원형(○)의 결합점(NODE), 작업활동(JOB)을 화살표(→)로 표시하는 원형의 화살 네트워크이다.

(1) 네트워크 용어

결합점(Event, Node)	○	작업과 작업을 결합하는 점 또는 프로젝트 착수점과 종료시점
요소작업(Activity)	→	프로젝트를 구성하는 작업의 단위
가공작업(Dummy)	----→	2개 이상의 작업이 행해지는 순서 및 작업 상호 간의 유기적인 연관성을 표시한 것

예제

01 아래의 공정표를 참고하여 네트워크 공정표를 작성하시오.

> 해설 A, B 작업의 후속작업이 C작업이다.

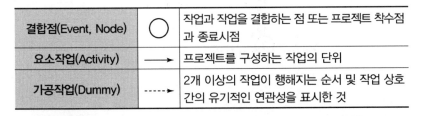

02 아래의 공정표를 참고하여 네트워크 공정표를 작성하시오.

> 해설 A, B 작업의 후속작업이 C, D작업이다.

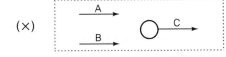

03 아래의 공정표를 참고하여 네트워크 공정표를 작성하시오.

> 해설 A작업의 후속작업이 C이고, B작업의 후속작업이 C, D작업이다.

04 아래의 공정표를 참고하여 네트워크 공정표를 작성하시오.

> 해설 A작업의 후속작업이 C, D, E이고, B작업의 후속작업이 D, E작업이다.

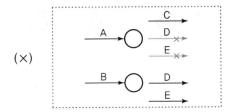
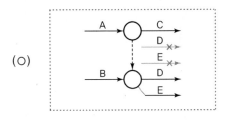

(2) 작업소요일수 산출방법

결합점은 0으로 시작하여 작업의 소요일수를 더하여 전진적으로 계산한다.

0(결합점)＋7(작업의 소요일수)＝7

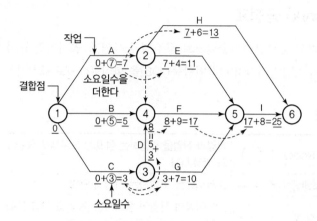

(3) 주공정선(CP : Critical Path) 산출방법

공사 소요시간을 결정할 수 있는 경로로, 최초의 작업으로부터 최종 작업에 이르는 공정 중 시간적으로 가장 긴 공정들을 연결한 경로이다.

※ 마지막 도착한 날짜 중 큰 값으로 끝난 쪽 방향이 주공정선이고, 뒤돌아 같은 일수로 돌아가면 그 경로가 주공정선이 된다.

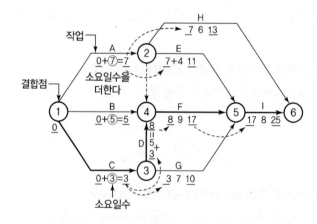

예제

05 다음 공정표를 보고 주공정선(CP)과 소요일수를 구하시오.

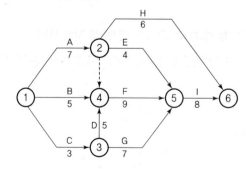

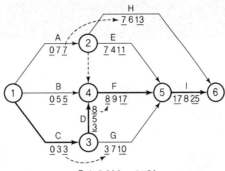

총소요일수 : 25일

CP(주공정선) : C → D → F → I

06 다음 네트워크의 주공정선(CP)을 굵은선으로 표시하고 소요일수를 구하시오.

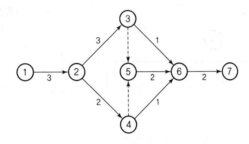

해설

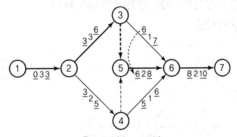

총소요일수 : 10일

CP(주공정선) : 1 → 2 → 3 → 5 → 6 → 7

07 다음 네트워크의 주공정선(CP)을 굵은선으로 표시하고 소요일수를 구하시오.

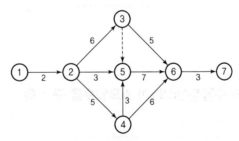

해설

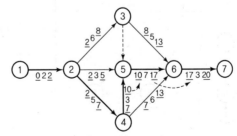

총소요일수 : 20일

CP(주공정선) : 1 → 2 → 4 → 5 → 6 → 7

01 다음 네트워크의 주공정선(CP)을 굵은 선으로 표시 하고 소요일수를 구하시오.

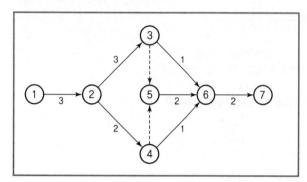

- 총소요일수 : 10일
- CP(주공정선) : 1 → 2 → 3 → 5 → 6 → 7

02 다음 네트워크의 주공정선(CP)을 굵은 선으로 표시 하고 소요일수를 구하시오.

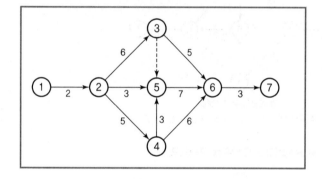

- 총소요일수 : 20일
- CP(주공정선) : 1 → 2 → 4 → 5 → 6 → 7

03 다음 공정표를 보고 주공정선(CP)과 소요일수를 구 하시오.

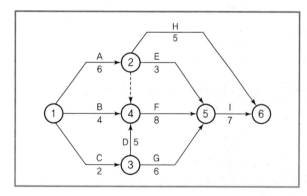

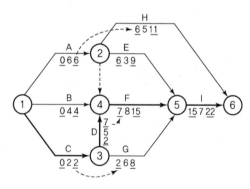

- 총소요일수 : 22일
- CP(주공정선) : C → D → F → I

04 공정표에 제시된 소요일수를 기준으로 주공정선(CP)을 찾고, 공사완료에 필요한 총소요일수를 구하시오.

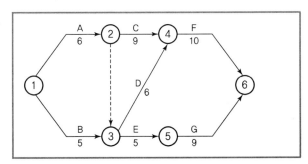

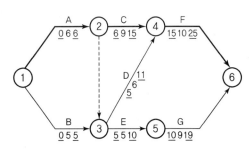

- 총소요일수 : 25일
- CP(주공정선) : A → C → F

05 다음 공정표를 보고 주공정선(CP)과 소요일수를 구하시오.

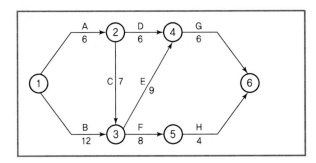

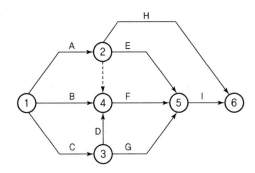

- 총소요일수 : 28일
- CP(주공정선) : A → C → E → G

06 아래의 공정계획을 참고하여 네트워크 공정표를 작성하시오.

| 조건 |

① A, B, C 작업은 최초작업이다.
② A작업이 끝나면 H, E작업을, C작업이 끝나면 D, G작업을 병행 실시한다.
③ A, B, D작업이 끝나면 F작업을 E, F, G작업이 끝나면 I작업을 실시한다.
④ H, I작업이 끝나면 공사가 완료된다.

최신기출문제
(2024~2017년)

01 다음 〈보기〉의 재료를 수경성과 기경성으로 구분하여 쓰시오. [4점]

| 보기 |

```
① 회반죽              ② 진흙질
③ 순석고 플라스터     ④ 돌로마이트 플라스터
⑤ 시멘트 모르타르     ⑥ 아스팔트 모르타르
⑦ 소석회
```

(1) 기경성 :

(2) 수경성 :

⊙ (1) 기경성 : ①, ②, ④, ⑥, ⑦
(2) 수경성 : ③, ⑤

02 다음 용어를 차이에 근거하여 설명하시오. [3점]

① 내력벽 :

② 장막벽 :

⊙ ① 내력벽 : 벽체, 바닥, 지붕 등의 하중을 받아 기초에 전달하는 벽
② 장막벽 : 공간 구분을 목적으로 상부하중을 받지 않고 자체의 하중만 받는 벽

03 타일 붙이기 시공방법 중 개량 압착공법과 개량 떠붙임공법에 대하여 서술하시오. [4점]

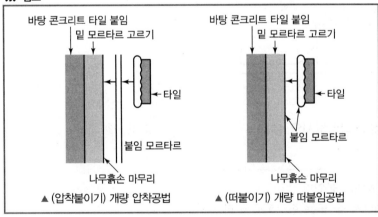

>>> 참고

▲ (압착붙이기) 개량 압착공법 ▲ (떠붙이기) 개량 떠붙임공법

⊙ ① 개량 압착공법 : 평탄한 바탕 모르타르 위에 붙임 모르타르를 바르고, 타일 뒷면에 붙임 모르타르를 얇게 발라 두드려 누르거나 비벼 넣으면서 붙이는 공법
② 개량 떠붙임공법 : 벽면에 먼저 평활하게 미장 바름한 다음 타일 이면에도 모르타르를 3~6m 비교적 얇게 발라 붙이는 공법

04 다음 용어를 설명하시오. [3점]

① 인서트 :

② 코너비드 :

⊙ ① 인서트 : 콘크리트조 바닥판 밑에 반자틀 및 기타 구조물을 달아매고자 할 때 볼트 또는 달대의 걸침이 되는 것
② 코너비드 : 기둥, 벽 등의 모서리를 보호하기 위하여 미장바름칠할 때 붙이는 보호용 철물

05 다음 유리의 특성을 쓰시오. [3점]

① 로이유리 :

② 접합유리 :

① 로이유리 : 가시광선을 투사하되 내부열 외부 방출을 막는 특수유리
② 접합유리 : 2장 이상의 유리판을 합성수지로 붙여댄 것으로 강도가 크며 두께가 두꺼운 것은 방탄유리로 사용함

06 정사각형 타일 108mm에 줄눈 5mm로 시공할 때 바닥면적 $8m^2$에 필요한 타일 수량을 산출하시오. [4점]

타일의 소요량
= 시공면적 × 단위수량

$$= \text{시공면적} \times \frac{1m}{\text{타일의 가로 길이} + \text{타일의 줄눈}} \times \frac{1m}{\text{타일의 세로 길이} + \text{타일의 줄눈}}$$

$$= 8 \times \frac{1}{(0.108+0.005)} \times \frac{1}{(0.108+0.005)} = 626.52 = 627\text{매}$$

07 석공사에서 석재의 접합에 사용되는 연결철물의 종류 3가지를 쓰시오. [3점]

① 은장
② 꺾쇠(규격 : D10, ∅9)
③ 촉(규격 : D10, ∅9)

≫ 참고

• 꺾쇠 : 양쪽 끝을 구부려 "ㄷ"자 모양으로 만든 철물
• 참고 : 고정철물(앵글, 볼트, 너트, 와셔)

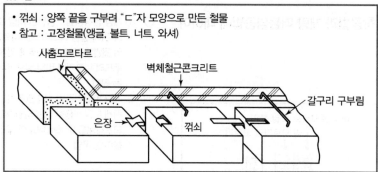

사춤모르타르

벽체철근콘크리트

갈구리 구부림

은장 → 꺾쇠

08 도배공사 시공순서를 보기에서 찾아 나열하시오. [3점]

①-②-③-④

| 보기 |

① 맞대거나 또는 3mm 내외 겹치기로 붙인다.
② 온통 풀칠하여 붙인 후, 표면에서 솔 또는 헝겊으로 눌러 밀착시킨다.
③ 갓둘레는 들뜨지 않게 밀착시킨다.
④ 하단부를 잘라 붙인다.

09 다음 괄호 안에 알맞은 말을 쓰시오. [2점]

도장하는 장소의 기온이 낮거나 습도가 높고 환기가 충분히 하지 못하여 도장건조가 부적당할 때, 주위의 기온이 (①) 미만이거나 상대습도가 (②)를 초과할 때, 눈, 비가 올 때 및 안개가 끼었을 때 도장작업을 중지한다.

① 5℃
② 85%

>>> 참고

환경 및 기상(국가건설기준센터 – 도장공사 KCS 41 47 00 : 2023)
도장하는 작업 중이거나 도료의 건조기간 중, 도장하는 장소의 환경 및 기상조건이 아래와 같아서 좋은 도장 결과를 기대할 수 없을 때는 담당원이 승인할 때까지 도장해서는 안 된다.
(1) 도장하는 장소의 기온이 낮거나, 습도가 높고 환기가 충분하지 못하여 도장건조가 부적당할 때, 주위의 기온이 5℃ 미만이거나 상대습도가 85%를 초과할 때, 눈, 비가 올 때 및 안개가 끼었을 때. 다만, 별도로 재료, 제조업자의 설계도서에 별도로 표시한 경우에는 예외로 한다.
  ※ 수분 응축을 방지하기 위해서 소지면 온도는 이슬점보다 높아야 한다.
(2) 강설우, 강풍, 지나친 통풍 도장할 장소의 더러움 등으로 인하여 물방울, 흙먼지 등이 도막에 부착되기 쉬울 때
(3) 주위의 다른 작업으로 인해 도장작업에 지장이 있거나 도막이 손상될 우려가 있을 때

10 다음 창대쌓기에 대한 설명으로 괄호 안에 알맞은 내용을 쓰시오. [3점]

(1) 창대 벽돌은 도면 또는 공사시방서에서 정한 바가 없을 때에는 그 윗면을 (①) 정도의 경사로 옆세워 쌓고 그 앞 끝의 밑은 벽돌 벽면에서 (②) 내밀어 쌓는다.
(2) 창대 벽돌의 위 끝은 창대 밑에 (③) 정도 들어가 물리게 한다. 또한 창대 벽돌의 좌우 끝은 옆벽에 2장 정도 물린다. 창문틀 주위의 벽돌 줄눈에는 사춤 모르타르를 충분히 하여 방수가 잘 되게 한다.

① 15°
② 30~50mm
③ 15mm

>>> 참고

창대쌓기(국가건설기준센터 – 벽돌공사 KCS 41 34 02 : 2021)
(1) 창대 벽돌은 도면 또는 공사시방서에서 정한 바가 없을 때에는 그 윗면을 15° 정도의 경사로 옆세워 쌓고 그 앞 끝의 밑은 벽돌 벽면에서 30~50mm 내밀어 쌓는다.
(2) 창대 벽돌의 위 끝은 창대 밑에 15mm 정도 들어가 물리게 한다. 또한 창대 벽돌의 좌우 끝은 옆벽에 2장 정도 불린다.
(3) 창문틀 주위의 벽돌 줄눈에는 사춤 모르타르를 충분히 하여 방수가 잘 되게 한다.

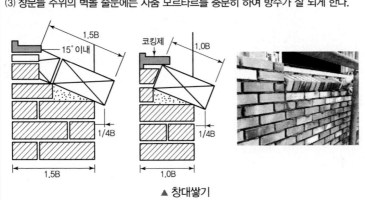

▲ 창대쌓기

11 도배지 시공에 관한 내용이다. 초배지 1회 바름 시 필요한 도배면적을 산출하시오. [3점]

| 조건 |

- 바닥면적 : 4.5×6.0m
- 높이 : 2.6m
- 문 크기 : 0.9×2.1m
- 창문 크기 : 1.5×3.6m
- 문, 창문 각각 1개

⊙ ① 천정＝4.5×6.0＝27m²
② 벽면＝{2(4.5＋6.0)×2.6}－
    {(0.9×2.1)＋(1.5×3.6)}
   ＝(21×2.6)－(1.89＋5.4)
   ＝54.6－7.29＝47.31m²
③ 합계＝27＋47.31＝74.31m²

12 공정표에 제시된 소요일수를 기준으로 주공정선(CP)을 찾고, 공사완료에 필요한 총 소요일수를 구하시오. [5점]

| 보기 |

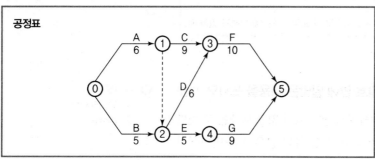

⊙

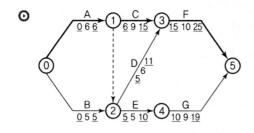

- 총 소요일수 : 25일
- CP(주공정선) : ⓪ → ① → ③ → ⑤

01 타일 동해방지법 4가지를 쓰시오. [3점]

①

②

③

④

○ ① 붙임용 모르타르 배합비를 정확히 준수한다.
② 소성온도가 높은 양질의 타일을 사용한다.
③ 타일은 흡수성이 낮은 것을 사용한다.
④ 줄눈 누름을 충분히 하여 빗물의 침투를 방지한다.

02 다음 용어를 간단히 설명하시오. [3점]

① 내력벽 :

② 장막벽 :

③ 중공벽 :

○ ① 내력벽 : 벽체, 바닥, 기둥 등의 하중을 받아 기초에 전달하는 벽
② 장막벽 : 상부의 하중을 받지 않고, 자체의 하중을 받는 벽
③ 중공벽 : 외벽에 방음, 방습, 단열 등의 목적으로 벽체의 중간에 공간을 두어 이중으로 쌓는 벽

03 다음 〈보기〉의 도면을 보고 목재량을 산출하시오. (단, 마루판 높이는 지면에서 60cm, 장선받이는 제외) [4점]

| 보기 |

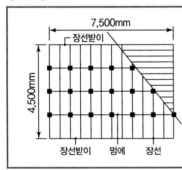

① 동바리 : 10.8cm×10.8cm
② 멍에 : 90cm×90cm
③ 마루널 : THK. 18mm

① 동바리 :   ② 멍에 :   ③ 마루널 :

○ ① 동바리
=0.108m×0.108m×0.6m×21개
=0.1469m³
② 멍에
=0.9m×0.9m×7.5m×3개
=18.225m³
③ 마루널
=7.5m×4.5m×0.018m
=0.6075m³

04 다음 횡선식 공정표와 사선식 공정표의 장점을 〈보기〉에서 골라 쓰시오. [3점]

| 보기 |

> ① 공사의 기성고를 표시하는 데 편리하다.
> ② 각 공정별 전체의 공정시기가 일목요연하다.
> ③ 각 공정별 착수 및 종료일이 명시되어 판단이 용이하다.
> ④ 전체공사의 진척 정도를 표시하는 데 유리하다.

(1) 횡선식 공정표 :

(2) 사선식 공정표 :

○ (1) 횡선식 공정표 : ②, ③
(2) 사선식 공정표 : ①, ④

05 목구조의 횡력에 대한 변형, 이동을 방지하기 위한 대표적인 보강방법 3가지를 쓰시오. [2점]

①
②
③

✪ ① 가새
② 버팀대
③ 귀잡이(귀잡이보)

06 다음 설명에 해당하는 용어를 괄호 안에 쓰시오. [2점]

실내에서 작업하는 높이의 위치에 발판을 수평으로 매는 것이다.(   )

✪ 수평비계

07 다음 해당하는 용어의 설명을 쓰시오. [3점]

① 온통바름 :
② 봉투바름 :

✪ ① 온통바름 : 도배지 전부에 풀칠하는 방법으로, 순서는 중간부터 갓돌레로 칠해나간다.
② 봉투바름 : 도배지 주위에 풀칠하여 붙이고 주름은 물을 뿜어서 풀칠하는 방법이다.

08 다음 〈보기〉에서 품질관리(QC)에 의한 검사순서를 나열하시오. [3점]

| 보기 |

| ① 검토(Check) | ② 실시(Do) |
| ③ 시정(Action) | ④ 계획(Plan) |

✪ ④ → ② → ① → ③

09 다음 〈보기〉의 재료를 수경성과 기경성으로 구분하여 번호를 쓰시오. [3점]

| 보기 |

① 진흙	② 순석고플라스터
③ 회반죽	④ 돌로마이트플라스터
⑤ 킨즈시멘트	⑥ 인조석바름(테라초)
⑦ 시멘트모르타르	

(1) 수경성 미장재료 :
(2) 기경성 미장재료 :

✪ (1) 수경성 미장재료 : ②, ⑤, ⑥, ⑦
(2) 기경성 미장재료 : ①, ③, ④

10 다음은 코너비드에 대한 설명이다. (   ) 안에 알맞은 용어를 쓰시오. [4점]

코너비드는 황동제 및 합금도금 강판, (①) 강판, (②) 강판으로 하고, 그 치수와 종별, 형상은 설계도서에서 정한 바에 따른다. 공사시방서에서 정한바가 없을 때는 위에 표기한 재료 중 적합한 재료를 선정하고 길이는 (③)mm를 표준으로 한다.

> **》》 참고**
>
> **코너비드 공사(국가건설기준센터 – 금속 기성제품공사 KCS 41 49 03 : 2021)**
> 코너비드는 황동제 및 합금도금 강판, <u>아연도금 강판</u>, <u>스테인리스 강판</u>으로 하고, 그 치수와 종별, 형상은 설계도서에서 정한 바에 따른다. 공사시방서에서 정한 바가 없을 때에는 위에 표기한 재료 중 적합한 재료를 선정하고 <u>길이는 1,800mm</u>를 표준으로 한다.

해설
① 아연도금
② 스테인리스
③ 1,800

---

11 앵커긴결공법으로 석재를 시공했을 때 확인해야 할 사항 4가지를 쓰시오. [5점]

①
②
③
④

해설
① 상세 시공도면과 실제 설치된 규격
② 줄눈의 각도, 수평상태
③ 하부 석재와 상부 석재의 공간 유지 확보 유무
④ 석재의 형상·모서리 상태·연결철물 주위의 상태 등

그 외
• 설치 후 판재가 완전히 고정되었는지 여부
• 이미 설치된 하부 석재가 상부를 시공함으로써 변형되었는지 여부

> **》》 참고**
>
> **앵커긴결공법(국가건설기준센터 – 건식 석재공사 KCS 41 35 06 : 2023)**
> ① 먼저 시공 개소에 시공도에 의하여 구조제에 수평실을 쳐서 연결철물의 장착을 위한 세트 앵커용 구멍을 45mm 정도 천공하여 캡이 구조제보다 5mm 정도 깊게 삽입하여 외부의 충격에 대처한다.
> ② 연결철물은 석재의 상하 및 양단에 설치하여 하부의 것은 지지용으로, 상부의 것은 고정용으로 사용한다. 강풍 및 지진에 의한 순간충격에 의해 석재가 탈락하지 않도록 연결철물용 앵커와 석재는 기계적 결합장치로 고정한다. 접착용 에폭시는 시공 단계에서 연결철물용 앵커와 고정용 핀을 고정하기 위한 부분 보완재로만 사용할 수 있다.
> ③ 도면 및 공사시방서에 앵커의 종류, 특성 등이 따로 정한 바가 없을 때에는 설치 시의 조정과 중간 변위를 고려하여 핀 앵커로 1차 연결철물(영균)과 2차 연결철물(조정판)을 연결하는 구멍 치수를 변위 발생 방향으로 길게 천공된 것으로 간격을 조정한다
> ④ 판석재와 철재가 직접 접촉하는 부분에는 적절한 완충재(Kerf Sealant, Setting Tape 등)를 사용한다.
> ⑤ 시공도에 따라 설치 방향대로 한 장씩 설치한 후 다음과 같은 항목에 대하여 확인한다.
> • 상세 시공도면과 실제 설치된 규격
> • 줄눈의 각도, 수평상태
> • 하부 석재와 상부 석재의 공간 유지 확보 유무
> • 석재의 형상·모서리 상태·연결철물 주위의 상태 등
> • 설치 후 판재가 완전히 고정되었는지 여부
> • 이미 설치된 하부 석재가 상부를 시공함으로써 변형되었는지 여부 등

12 다음 자료를 이용하여 네트워크 공정표를 작성하시오(단, 주공정선을 굵은 선으로 표시한다). [5점]

작업명	선행작업	기간	비고
A	없음	1	단, 각 작업의 일정계산 표시방법은 아래 방법으로 한다.
B	없음	2	
C	없음	3	
D	A, B, C	6	
E	B, C	5	
F	C	4	

(비고란 그림) EST | LST → 작업명 / 작업일수 → LFT ∖ EFT (1)→(2)

⊙ (1) 선행작업표 분석

작업명	선행작업	후속작업	작업일수
A	없음	D	1
B	없음	D, E	2
C	없음	D, E, F	3
D	A, B, C	없음	6
E	B, C	없음	5
F	C	없음	4

(2) 공정표 작성

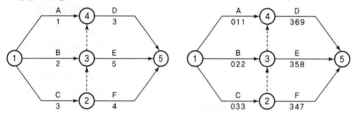

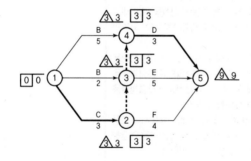

CP〉 Activity : C → D

　　　Event : ① → ② → ③ → ④ → ⑤

01 셀프 레벨링(SL : Self Leveling)재의 종류 2가지에 대해 간단히 설명하시오. [3점]

①

②

○ 셀프 레벨링재는 석고계, 시멘트계가 있다.
① 석고계 셀프 레벨링재
② 시멘트계 셀프 레벨링재

02 ALC(Autoclaved Lightweight Concrete, 경량기포콘크리트)의 재료적 특징 2가지를 쓰시오. [3점]

①

②

○ ① 중량이 보통콘크리트의 1/4로 경량이다.
② 기포에 의한 단열성이 우수하여 단열재가 필요 없다.

그 외
③ 방음, 차음, 내화성능이 우수하다.

03 다음 〈보기〉의 합성수지 재료 중 열경화성 수지를 모두 골라 번호를 쓰시오. [4점]

| 보기 |

① 아크릴수지	② 에폭시수지
③ 멜라민수지	④ 페놀수지
⑤ 폴리에틸렌수지	⑥ 염화비닐수지
⑦ 요소수지	⑧ 알키드수지

○ ② 에폭시수지, ③ 멜라민수지, ④ 페놀수지, ⑦ 요소수지, ⑧ 알키드수지

※ 열경화성 수지 : 페놀수지, 요소수지, 멜라민수지, 알키드수지, 폴리에스테르수지, 우레탄수지, 에폭시수지, 실리콘수지
※ 열가소성 수지 : 염화비닐수지, 초산비닐수지, 폴리비닐수지, 아크릴수지, 폴리아미드수지, 폴리스틸렌수지, 불소수지, 폴리에틸렌수지

04 목재 바니시칠 공정의 작업순서를 바르게 나열하시오. [4점]

| 보기 |

| ① 색올림 | ② 왁스 문지름 |
| ③ 바탕처리 | ④ 눈먹임 |

○ ③ 바탕처리 - ④ 눈먹임 - ① 색올림 - ② 왁스 문지름

05 조적조에서 테두리보를 설치하는 목적을 3가지만 쓰시오. [3점]

①

②

③

○ ① 분산된 벽체를 일체로 하여 하중을 균등히 분포시킨다.
② 수직균열을 방지한다.
③ 세로철근을 장착한다.
(집중하중을 받는 부분을 보강)

06 타일 시공도 기입사항을 쓰시오. [4점]

> ① 타일 매수
> ② 타일규격
> ③ 매설위치
> ④ 수전위치
> ⑤ 위생도기 위치
> ⑥ 바닥 배수구 위치
> ⑦ 바닥 물매
> ⑧ 이형물 위치

07 조적공사 시 세로규준틀에 기입해야 할 사항을 쓰시오. [3점]

> ① 줄눈간격, 줄눈표시
> ② 벽돌, 블록 등 쌓기 단수
> ③ 테두리보 위치
> ④ 창틀 위치 및 규격

08 다음 용어에 대한 설명을 기입하시오. [4점]

  (1) 바심질 :

  (2) 마름질 :

> (1) 바심질 : 구멍뚫기, 홈파기, 면접기 및
>   대패질로 목재를 다듬는 일
> (2) 마름질 : 목재의 크기에 따라 각 부재
>   의 소요길 이로 잘라내는 일

09 다음 괄호 안에 알맞은 용어를 쓰시오. [3점]

  (   )은 여러 가지 온도에 연화되도록 만들어진 59종의 각추가 있
  고 어떤 온도에서 각추의 윗부분이 숙여지면 그 추의 번호로 소성온도
  를 나타내는데, 측정범위는 600~700℃이다.

> 제게르 콘
> ※ 제게르 콘(Seger Cone)법 : 점토의
>   소성온도 측정법

》》참고

> **제게르 콘(Seger Cone)에 의한 온도 측정**
> 제게르 콘은 1985년 독일의 제게르(H. Seger)에 의하여 착안된 것으로 점토와 그 밖의 규산
> 염 및 금속 산화물을 배합하여 만든 삼각추모양이며 가열되었을 때 성분 비율에 따라 변형·
> 변화되는 온도가 다른 성질을 이용하여 온도를 측정하는 것이다. 제게르 콘은 조성에 따라
> 내화도를 나타내는 SK와 숫자로 표기되며 숫자가 클수록 내화도가 높음을 표시한다. 일반적
> 으로 내화점토에 약간의 경사를 두고 콘을 고정하여 온도가 상승함에 따라 콘이 휘어지면서
> 쓰러지게 되는 정도를 보고 온도를 측정한다. 오턴 콘(Oton Cone)은 미국에서 사용되고 있으
> 며 그 원리는 제게르 콘과 비슷하다. 도자기 온도 측정용(SK 8~9)으로 소형과 대형이 있는
> 데, 일반적으로 도자기에서는 대형 콘을 많이 사용한다.
>
>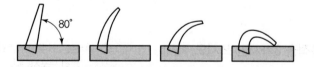

10 다음은 벽타일붙임 공법에 대한 설명이다. 괄호 안에 알맞은 공법을 쓰시오. [3점]

개량압착 공법

평탄하게 만든 바탕 모르타르 위에 붙임 모르타르를 바르고, 타일 뒷면에도 붙임 모르타르를 얇게 발라 두드려 누르거나 비벼 넣으면서 붙이는 방법(   )

≫ 참고

압착붙임 공법
평탄하게 만든 바탕 모르타르 위에 붙임 모르타르를 바르고 두드려 누르거나 비벼 나무망치로 고르는 공법이다.

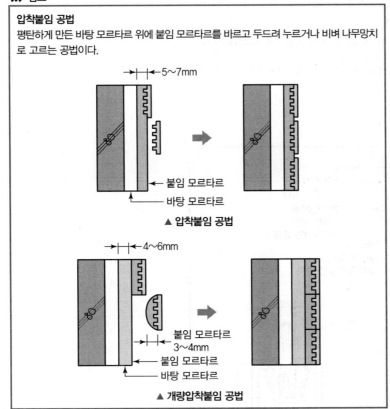

▲ 압착붙임 공법

▲ 개량압착붙임 공법

11 어느 건축공사의 한 작업이 정상적으로 시공할 때 공사기일은 10일, 공사비는 320,000원이고, 특급으로 시공할 때 공사기일은 7일, 공사비는 170,000원이라 할 때, 이 공사의 공기단축 시 필요한 비용구배(Cost Slope)를 구하시오. [3점]

$$\frac{320,000 - 170,000}{10 - 7}$$

$$= \frac{150,000}{3} = 50,000원/일$$

12 다음 설명에 해당하는 유리 부재료를 괄호 안에 쓰시오. [3점]

| 보기 |

> 스페이서, 세팅 블록, 백업재

(1) 새시 하단부의 유리끼움용 부재료로서 유리의 자중을 지지하는 고임재(   )

(2) 유리 끼우기 홈의 측면과 유리면 사이의 면 클리어런스를 주며, 복층 유리의 간격을 고정하는 블록(   )

(3) 실링 시공인 경우에 부재의 측면과 유리면 사이의 면 클리어런스 부위에 연속적으로 충전하여 유리를 고정하고 시일 타설 시 시일 받침 역할을 하는 부재료(   )

≫ 참고

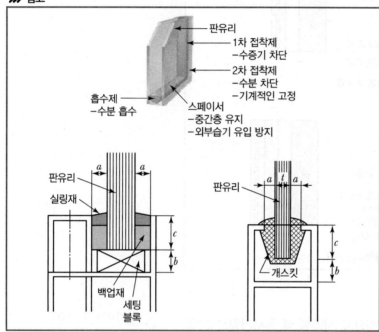

(1) 세팅 블록
(2) 스페이서
(3) 백업재

01 멤브레인 방수공법 3가지를 쓰시오. [3점]

①

②

③

⊙ ① 도막방수
② 시트방수
③ 아스팔트방수

02 다음 각 재료의 할증률을 쓰시오. [4점]

유리(①), 목재/각재(②), 클링커타일(③), 붉은벽돌(④)

⊙ ① 1%
② 5%
③ 3%
④ 3%

》》참고

목재	각재	5%	텍스	5%	벽돌	붉은 벽돌	3%
	판재	10%	석고보드	5%		내화 벽돌	3%
합판	일반용 합판	3%	단열재	10%		시멘트 벽돌	5%
	수장용 합판	5%	유리	1%	블록	경계블록	3%
타일	모자이크	3%	도료	2%		호안블록	5%
	도기, 자기	3%	원형 철근	5%		중공블록	4%
	클링커	3%	이형 철근	3%		원석	30%

03 150mm × 270mm × 4,800mm 각재 1,000개의 체적(m³)을 구하시오. [3점]

⊙ 0.15m × 0.27m × 4.8m × 1,000(개)
= 194.4m³

04 다음 설명에 알맞은 용어를 쓰시오. [2점]

아스팔트를 휘발성 용제로 녹인 흑갈색 액상으로 바탕 등에 칠하여 아스팔트 등의 접착력을 높이기 위한 도료로 쓰인다.( )

⊙ 아스팔트 프라이머

05 벽돌벽 균열 시공상 문제점을 5가지 쓰시오. [5점]

①

②

③

④

⑤

⊙ ① 벽돌 및 모르타르 자체의 강도 부족 및 신축성
② 벽돌벽의 부분적 시공결합
③ 이질재와의 접합부
④ 칸막이 벽(장막벽) 상부의 모르타르 다져 넣기 부족
⑤ 모르타르 바름 시 들뜨기

06 블라인드 종류 3가지를 쓰시오. [3점]

①

②

③

⊙ ① 수직 블라인드(Vertical Blind)
② 수평 블라인드(Horizontal Blind)
③ 롤 블라인드(Roll Blind)
그 외
④ 로만 블라인드(Roman Blind)
⑤ 베네치안 블라인드
⑥ 두루마리 블라인드
⑦ 가로당김 블라인드

07 다음 금속공사에 이용되는 철물의 용어에 대한 설명을 쓰시오. [2점]

(1) 메탈라스 :

(2) 와이어메시 :

⊙ (1) 메탈라스 : 얇은 강판에 마름모꼴의 구멍을 연속적으로 뚫어 그물처럼 만든 것으로 천장벽, 처마둘레 등의 미장에 사용한다.
(2) 와이어메시 : 연강철선을 전기용접하여 정방형이나 장방형으로 만든 것으로 콘크리트 다짐바닥 등에 사용한다.

08 다음 괄호 안에 알맞은 용어를 쓰시오. [3점]

(1) 화살선으로 표현할 수 없는 작업의 상호관계를 표시하는 화살표
   (   )

(2) 공기 1일 단축시키는 데 필요한 증가비용(   )

(3) 더 이상 공기단축 시 드는 비용을 줄일 수 없는 것(   )

⊙ (1) Dummy
(2) 비용구배
(3) 특급점

09 다음은 도장공사에 관한 설명이다. ○, ×로 구분하시오. [3점]

(1) 도료의 배합비율 및 시너의 희석비율은 부피로 표시한다.(   )

(2) 도장의 표준량은 평평한 면의 단위면적에 도장하는 도장재료의 양이고, 실제의 사용량은 도장하는 바탕면의 상태 및 도장재료의 손실 등을 참작하여 여분을 생각해 두어야 한다.(   )

(3) 롤러 도장은 붓 도장보다는 도장 속도가 빠르다. 그러나 붓 도장과 같이 일정한 도막 두께를 유지하기가 매우 어려우므로 표면이 거칠거나 불규칙한 부분에는 특히 주의를 요한다.(   )

⊙ (1) ×
(2) ○
(3) ○

10 다음은 치장벽돌 쌓기 순서이다. 괄호 안에 알맞은 내용을 보기에서 골라 쓰시오. [4점]

| 보기 |

① 세로규준틀 설치	② 규준벽돌 쌓기
③ 줄눈파기	④ 중간부 쌓기
⑤ 물축이기	

바탕처리 – (   ) – 건비빔 – (   ) – 벽돌 나누기 –
(   ) – 수평실치기 – (   ) – 줄눈누름 – (   )
– 치장줄눈 – 보양

⊙ 바탕처리 – (⑤ 물축이기) – 건비빔 – (① 세로규준틀 설치) – 벽돌 나누기 – (② 규준벽돌 쌓기) – 수평실치기 – (④ 중간부 쌓기) – 줄눈누름 – (③ 줄눈파기) – 치장줄눈 – 보양

11 다음은 경량철골 천장틀 설치순서이다. 시공순서를 맞게 나열하시오. [4점]

| 보기 |

① 달대 설치	② 앵커 설치
③ 텍스 붙이기	④ 천장틀 설치

● ② 앵커 설치 – ① 달대 설치 – ④ 천장틀 설치 – ③ 텍스 붙이기

12 다음은 인조대리석 공사에 대한 내용이다. 괄호 안에 알맞은 용어를 쓰시오. [4점]

인조대리석 모르타르 자재 중 모래는 양질의 강모래를 사용하며 해사는 사용하지 않는다. 다만, 물로 세척하여 품질기준 및 체가름 기준이 충족된 (①)는 사용할 수 있다. 이 경우 조개껍질 등의 이물질이 섞이지 않아야 한다. 인조대리석 뒤채움 모르타르는 (②)를 표준으로 한다.

● ① 해사
② 30mm
※ 국가건설기준센터 – 인조대리석 공사
KCS 41 35 09 : 2021 – 습식시공

01 다음 중 시트방수공법을 순서에 맞게 나열하시오. [4점]

| 보기 |

> 접착제 도포, 프라이머 도포, 마무리, 시트 붙이기, 바탕처리

>>> 참고

시트방수
고무와 아스팔트 등을 혼합한 롤(방수시트)을 시공하여 인장성과 내후성을 요구하는 공법

⊙ 바탕처리 – 프라이머 도포 – 접착제 도
포 – 시트 붙이기 – 마무리

02 다음 용어에 대하여 서술하시오. [4점]

① 논슬립
② 익스펜션볼트

⊙ ① 논슬립 : 계단 디딤판 모서리 끝부분
에 설치하여 미끄럼을 방지하는 것
② 익스펜션볼트 : 콘크리트, 벽돌 등의
면에 띠장, 문틀 등의 다른 부재를 고
정하기 위하여 묻어두는 특수 볼트

03 다음은 도배공사에 있어서 온도의 유지에 관한 내용이다. 괄호 안에
알맞은 수치를 넣으시오. [4점]

시공 전 (①)시간 전 도배 시의 보관장소의 온도는 (②)이어야 하
고, 시공 후 (③)시간 후까지는 16℃ 유지 후 도배지를 완전하게 접착
시키기 위하여 롤링을 하거나 (④)로 마무리한다.

>>> 참고

시공(도배공사 KCS 41 51 05 : 2021 기준)
(1) 일반사항
　① 도배지의 보관장소의 온도는 항상 5℃ 이상으로 유지되도록 하여야 한다
　② 도배지는 일사광선을 피하고 습기가 많은 장소나 콘크리트 위에 직접 놓지 않으며 두루
　　마리 종, 천은 세워서 보관한다.
　③ 도배공사를 시작하기 72시간 전부터 시공 후 48시간이 경과할 때까지는 시공 장소의
　　온도는 담당원과 협의하여 적정온도를 유지하도록 한다.
　④ 도배지를 완전하게 접착시키기 위하여 접착과 동시에 롤링을 하거나 솔질을 해야 한다.

⊙ ① 72
② 5℃
③ 48
④ 솔질

04 다음 설명을 보고 해당하는 용어를 쓰시오. [4점]

① 집성목재와 유사한 것으로 합판의 단판에 페놀수지 등을 침투시켜
140~150℃에서 200~300kg/cm²의 압력을 붙여 댄 것이다.(　　)
② 두께15~50mm의 판재를 여러 장 겹쳐서 접착시켜 만든 것으로 아치
와 같은 굽은 용재로 가공이 가능하다.(　　)

⊙ ① 강화목재 또는 경화 적층재
② 집성목재

05 석재의 가공방법을 순서대로 나열하시오. [2점]

혹두기 – (①) – 도드락다듬 – (②) – 갈기 – 광내기

① 정다듬
② 잔다듬

06 스프레이 뿜칠 공정에 대하여 서술하시오. [3점]

도장용 스프레이건을 사용하며 뿜칠거리는 30cm 띄어서 끊임없이 연속해서 칠하고, 도막을 일정하게 유지하기 위해 1/2~1/3 정도 겹치도록 칠한다.

07 가설공사에서 안전하게 공사하기 위해 설치하는 시설물을 2가지 쓰시오. [2점]

① 방호철망   ② 방호시트
③ 방호선반   ④ 낙하물 방지망
⑤ 수직보호망

>>> 참고

(1) 방호선반 : 상부에서 작업 도중 자재나 공구 등의 낙하로 인한 재해를 방지하기 위하여 개구부 및 비계 외부 안전 통로 출입구 상부에 설치하는 낙하물 방지망 대신 설치하는 목재 또는 금속 판재
(2) 낙하물 방지망 : 바닥, 도로, 통로 및 비계 등에서 자재, 공구 등의 낙하로 인한 피해를 방지하기 위하여 개구부 및 비계 외부에 수평면과 20° 이상 30° 이하로 설치하는 망
(3) 수직보호망 : 가설구조물의 바깥면에 설치하여 낙하물 및 먼지의 비산 등을 방지하기 위하여 수직으로 설치하는 보호망

▲ 갱폼망   ▲ 교량 및 외벽   ▲ 낙하물 방지망

▲ 방호선반/수직보호망   ▲ 추락방지망

08 어느 건설공사의 한 작업이 정상적으로 시공될 때 공사기일이 10일, 공사비는 100,000원이고 특급으로 시공할 때 공사기일은 7일, 공사비는 30,000원을 추가하였다. 이 공사의 공기단축 시 필요한 비용구배(Cost Slope)를 구하시오. [4점]

비용구배 $= \dfrac{130,000 - 100,000}{10 - 7}$
$= 10,000$원(일)

09 다음 보기에서 설명하는 내용의 용어를 쓰시오. [3점]

① 쪽매
② 이음
③ 맞춤

① 쪽매 : 재를 섬유방향과 평행으로 옆 대어 넓게 붙이는 것
② 이음 : 재의 길이방향으로 부재를 길게 접합하는 것
③ 맞춤 : 재와 서로 직각 또는 경사지게 접합하는 것

10 다음은 벽타일 붙임 공법이다. 밑줄 친 내용의 공법을 쓰시오. [3점]

평탄하게 만든 바탕 모르타르 위에 붙임 모르타르를 바르고, <u>타일 뒷면에도 붙임 모르타르를 얇게 발라 두드려 누르거나 비벼 넣으면서 붙이는 방법</u> (   )

◉ 개량압착공법

11 타일 나누기도(시공도)에 포함되어야 하는 4가지를 설명하시오. [4점]

◉ ① 타일 매수
② 타일규격
③ 매설 위치
④ 수전 위치
⑤ 위생도기 위치
⑥ 바닥 배수구 위치
⑦ 바닥 물매
⑧ 이형물 위치

12 조적공사에서 관한 기술이다. 다음 괄호 안에 알맞은 내용을 써넣으시오. [3점]

조적공사에서 벽돌쌓기는 도면 또는 공사시방서에 정한바가 없을 때는 (①) 쌓기 또는 (②) 쌓기로 하며, 줄눈은 (③)를 표준으로 한다.

◉ ① 영식
② 화란식
③ 10mm

>>> 참고

> **쌓기의 일반사항(벽돌공사 KCS 41 34 02 : 2021)**
> ① 가로 및 세로줄눈의 너비는 도면 또는 공사시방서에 정한 바가 없을 때에는 10mm를 표준으로 한다. 세로줄눈은 통줄눈이 되지 않도록 하고, 수직 일직선상에 오도록 벽돌 나누기를 한다.
> ② 벽돌쌓기는 도면 또는 공사시방서에서 정한 바가 없을 때에는 영식 쌓기 또는 화란식 쌓기로 한다.
> ③ 가로줄눈의 바탕 모르타르는 일정한 두께로 평평히 펴 바르고, 벽돌을 내리누르듯 규준틀과 벽돌나누기에 따라 정확히 쌓는다.
> ④ 세로줄눈의 모르타르는 벽돌 마구리면에 충분히 발라 쌓도록 한다.
>
> ※ 세로줄눈은 통줄눈이 되지 않도록 수직 일직선상에 오도록 벽돌나누기를 한다.

01 석공사에 사용되는 손다듬기방법을 2가지 쓰시오. [2점]

①

②

⊙ ① 혹두기
② 정다듬
그 외
③ 도드락다듬
④ 잔다듬
⑤ 물갈기

02 다음 쪽매의 이름을 써 넣으시오. [4점]

(1)   (2)

(3)   (4)

⊙ (1) 틈막이대쪽매
(2) 딴혀쪽매
(3) 제혀쪽매
(4) 반턱쪽매

03 금속재 바탕처리 기계공법 2가지를 쓰시오. [2점]

①

②

⊙ ① 수동식
② 동력식
그 외
③ 분사식

▶▶▶ 참고

> **금속재 바탕처리 기계공법**
> ① 수동식 : 메, 주걱, 와이어브러시, 연마지 등을 사용하여 손으로 청소하는 방법
> ② 동력식 : 수동식을 동력 또는 기계력으로 하는 방법
> ③ 분사식 : 모래 등을 분사하여 녹을 제거하는 방법이지만 현장에서는 사용이 곤란함
> ④ 불꽃, 열에 의한 방법 : 산소 아세틸렌 불꽃으로 제거하는 방법

04 블라인드 종류를 3가지 쓰시오. [3점]

①

②

③

⊙ ① 수직블라인드(Verical Blind)
② 수평블라인드(Horizontal Blind)
③ 롤블라인드(Roll Blind)
그 외
④ 로만블라인드(Roman Blind)

05 친환경 유리 선정 시 에너지 절약 측면에서 2가지를 설명하시오. [4점]

① _____

② _____

① 단열성능과 차폐기능이 높은 재료 선택한다.
② 채광에 의한 에너지 절감 재료를 선택한다.
그 외
③ 외부의 충격이나 환경에 변화가 없는 재료를 선정한다.
④ 폐유리로 재활용이 가능한 재료를 선정한다.
※ 신규문제(친환경 건축물 인증제도 LEED 참고)

06 다음 타일공사 시 줄눈의 간격을 쓰시오. [3점]

(1) 대형(외부) :

(2) 대형(내부) :

(3) 소형 :

(4) 모자이크 :

(1) 대형(외부) : 9mm
(2) 대형(내부) : 6mm
(3) 소형 : 3mm
(4) 모자이크 : 2mm

07 다음에서 설명하고 있는 석재를 〈보기〉에서 골라 쓰시오. [3점]

| 보기 |

| 화강암, 안산암, 사문암, 사암, 대리석, 화산암 |

(1) 강도는 높지만 내화성이 낮고 풍화되기 쉬우며 산에 약하기 때문에 실외용으로 적합하지 않다.(   )

(2) 수성암의 일종으로 함유광물의 성분에 따라 암석의 질, 내구성, 강도에 현저한 차이가 있다.(   )

(3) 강도, 경도, 비중이 크고, 내화력이 우수하여 구조용 석재로 쓰이지만 조직 및 색조가 균일하지 않고, 석리가 있기 때문에 채석 및 가공이 용이하지만 대재를 얻기 어렵다.(   )

(1) 대리석
(2) 사암
(3) 안산암

08 표준형 벽돌 1,000장을 갖고 1.5B 두께로 쌓을 수 있는 벽면적은 얼마인가?(단, 할증률은 고려하지 않는다) [4점]

벽면적 $= \dfrac{1,000}{224} = 4.464\cdots \text{m}^2$
$= 4.46\text{m}^2$

09 창호공사에서 마중대와 풍서란에 대해 설명하시오. [4점]

   (1) 마중대 :

   (2) 풍서란 :

① 마중대 : 여닫이, 미닫이 문짝이 서로 맞닿은 선대
② 풍서란 : 외부의 바람, 먼지, 소음을 차단하기 위해 창호에 부착하는 것

≫ 참고

미서기, 여닫이의 풍서란에는 고무, 합성수지 개스킷으로 된 것과 금속제 스프링으로 된 것이 있다.

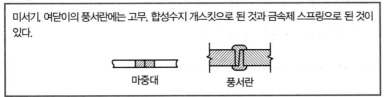

마중대   풍서란

10 아래 설명에 맞는 공법이나 명칭을 쓰시오. [3점]

   ① 병원이나 컴퓨터 서버품 등 민감한 전자기계 장치가 있는 크린룸 공간에 사용되는 타일 (   )

   ② 배관이나 배선이 많은 기계실, 전산실, 특수목적 강당 등의 바닥에 주로 시공하는 바닥공법 (   )

   ③ 에폭시계 등 합성고분자계 재료에 잔골재 등을 혼합한 것을 흙손바름, 뿜기 등의 방법으로 마감하는 공법 (   )

① 전도성 타일
② 액세스플로어
③ 합성고분자 바닥 바름

11 다음 괄호 안에 알맞은 용어를 쓰시오. [2점]

창호 위나 문틀 위에 건너 대어 상부 하중을 좌우 벽체로 전달하는 (①)는 좌우로 (②)mm 이상을 걸친다.

① 인방보
② 200

≫ 참고

인방보

① 정의 : 창문 등의 문틀 위에 RC보 등으로 건너 대어 상부의 하중을 좌우로 벽체에 전달하는 역할을 한다.

② 시공 시 주의사항

 • 인방블록은 좌우 옆 턱에 200~400mm 정도 물린다.

 • 기성 콘크리트 인방보의 양 끝을 벽체의 블록에 200mm 이상 걸친다.

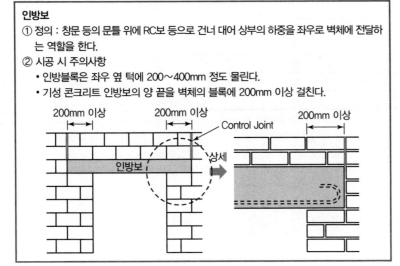

12 다음의 조건으로 네트워크 공정표와 여유시간을 작성하시오. [6점]

작업명	선행작업	기간	비고
A	없음	3	각 작업의 일정계산 표시방법은 아래 방법으로 한다.
B	없음	5	
C	없음	2	
D	A, B	3	
E	A, B, C	4	
F	A, C	2	

⊙ (1) 공정표 작성

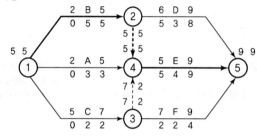

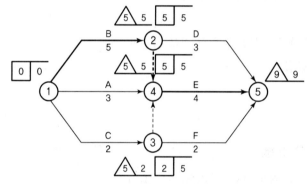

CP〉 Activity : B → E

Event : ① → ② → ④ → ⑤

(2) 작업의 여유시간

작업명	TF	FF	DF	CP
A	2	2	0	
B	0	0	0	*
C	3	0	3	
D	1	1	0	
E	0	0	0	*
F	5	5	0	

01 백화현상의 원인 1가지와 방지책 3가지를 쓰시오. [4점]

(1) 원인

　①

(2) 방지책

　①

　②

　③

(1) 원인
　① 조적조 벽면이나 시멘트 모르타르의 표면에 흰 가루가 생기는 현상으로 벽체에 침투된 물이 모르타르 중 석회분과 결합한 후 증발되면서 나타난다.
　그 외
　② 모르타르 속의 소석회가 공기 중의 탄산가스와 화학반응 하여 발생한다.
　③ 벽돌 속의 황산나트륨이 공기 중의 탄산가스와 화학반응 하여 발생한다.
(2) 방지책
　① 처마 및 차양으로 비막이를 설치한다.
　② 줄눈 모르타르 방수제를 혼합한다.
　③ 소성이 잘된 벽돌을 사용한다.

02 어느 건설공사의 한 작업이 정상적으로 시공할 때 공사기일은 13일, 공사비는 200,000원이고, 특급으로 시공할 때 공사기일은 10일, 공사비는 350,000원이라고 할 때 이 공사의 공기단축 시 필요한 비용구배(Cost Slope)를 구하시오. [3점]

$$\frac{350,000-200,000}{13-10}=\frac{150,000}{3}$$
$$=50,000원/일$$

03 다음 용어에 대하여 간략하게 서술하시오. [2점]

　• 코너비드(Coner Bead)

기둥이나 벽 등의 모서리를 보호하기 위하여 대는 것

04 도배지 보관 시 주의사항 2가지를 쓰시오. [4점]

　①

　②

① 도배지 평상시 보관온도는 5℃ 이상
② 도배 시공 전 72시간부터는 5℃ 정도 유지
그 외
③ 도배 시공 후 48시간까지는 16℃ 이상의 온도 유지

05 다음에 해당하는 종합적 품질관리(TQC)도구를 쓰시오. [4점]

(1) 모집단의 분포상태 막대그래프 형식(　　　　)

(2) 층별 요인특성에 대한 불량 점유율(　　　　)

(3) 특성요인과 관계 화살표(　　　　)

(4) 점검 목적에 맞게 미리 설계된 시트(　　　　)

(1) 히스토그램
(2) 파레토도
(3) 특성요인도
(4) 체크시트

06 표준형 시멘트 벽돌 1.0B 쌓기 시 소요량과 모르타르량을 구하시오
(단, 벽길이 4m, 벽높이 2.5 m, 창호 1m×2m). [4점]

- 벽면적 : (4×2.5)−(1×2)
  = 10−2 = 8m²
- 벽돌량(정미량) : 8×149 = 1,192
- 소요량 : 1,192×1.05
  = 1,251.6 = 1,252매
- 모르타르량 : $\frac{1,192}{1,000}$×0.33
  = 0.39336 = 0.393m³

※ 계산 시 주의사항
  - 시멘트 벽돌 할증률 : 5%(1.05)
  - 소요량 : 정미량(벽돌량) + 할증률
  - 모르타르량 : 소요량이 아니며, 벽돌량(정미량)으로 계산

07 석재의 표면 마무리 공법에 대하여 서술하시오. [2점]

① 버너구이법(화염분사법) : 버너 등으로 석재면을 달군 다음 찬물을 뿌려 급랭시켜 표면을 거친 면으로 마무리하는 공법
② 플래너마감법 : 석재 표면을 기계로 갈아서 평탄하게 마무리하는 공법
③ 모래분사법 : 석재의 표면에 고압으로 모래를 분출시켜 면을 곱게 마무리하는 공법

08 테라초(Terrazzo) 시공에 대한 내용이다. 순서대로 나열하시오. [3점]

| 보기 |

| 줄눈대기, 초벌, 재료비빔, 정벌, 마무리 |

재료비빔 → 줄눈대기 → 초벌 → 정벌 → 마무리

09 인조대리석에 관한 설명이다. ( ) 안에 알맞은 용어를 쓰시오. [6점]

인조대리석 바닥면에 (①)mm 이상 모르타르를 깐 다음 (②)로 타격하여 고정시키고, 양질의 (③)를 사용한다.

① 30mm
② 고무망치
③ 강모래

10 다음 설명에 알맞은 용어를 쓰시오. [3점]

(1) 나무나 석재의 면을 깎아 밀어서 두드러지게 또는 오목하게 하여 모양지게 하는 것(   )

(2) 모서리 구석 등에 표면 마구리가 보이지 않도록 45° 각도로 빗잘라 대는 맞춤(   )

(3) 재를 섬유방향과 평행으로 옆 대어 넓게 붙이는 것(   )

(1) 모접기
(2) 연귀맞춤
(3) 쪽매

11 목재의 이음과 맞춤 시 주의사항 2가지를 쓰시오. [2점]

①

②

① 재는 가급적 적게 깎아내고 부재가 약해지지 않도록 하며 응력이 작은 곳에 접합하도록 한다.
② 복잡한 형태는 피하고 간단한 방법으로 하며 단면은 응력의 방향에 직각되게 한다.
그 외
③ 접합되는 부재의 접촉면은 잘 다듬어 틈이 생기지 않게 하며 응력이 고르게 작용하도록 한다.
④ 큰 응력이 작용하지 않도록 철물을 써서 충분히 보강한다.

12 다음 중 알루미늄 창호 시공상세도를 구성하는 도면 3가지를 쓰시오. [3점]

①

②

③

① 창호배치도
② 창호일람표
③ 창호상세도
그 외
④ 창호일반사항
⑤ 창호스케줄

01 셀프 레벨링(SL : Self Leveling)재에 대해 간단히 설명하시오. [3점]

○▶ 셀프 레벨링재는 석고계, 시멘트계가 있으며, 자체 유동성이 있기 때문에 평탄하게 되는 성질을 이용하여, 바닥 마름질 공사 등에 사용하는 재료이다.

02 금속재의 도장 시 사전 바탕처리방법 중 화학적 방법을 3가지 쓰시오. [3점]

①

②

③

○▶ ① 탈지법
② 세정법
③ 피막법

03 표준형 벽돌 1.0B 벽돌 쌓기 시 벽돌량을 구하시오(단, 벽길이 100m, 벽높이 3m, 개구부 1.8m×1.2m 10개, 정미량으로 산출). [3점]

○▶ • 벽면적
$(100 \times 3) - (1.8 \times 1.2 \times 10)$
$= 300 - 21.6 = 278.4\text{m}^2$
• 벽돌량(정미량)
278.4×149
$= 41,481.6$매(41,482매)

04 다음 설명에 알맞은 용어를 쓰시오. [3점]

(1) 목재에서 두 재의 접합부에 끼워 볼트와 같이 써서 전단에 견디도록 한 보강철물(   )

(2) 재와 서로 직각으로 접합하는 것 또는 그 자리(   )

(3) 재의 길이방향으로 길게 접합하는 것 또는 그 자리(   )

○▶ (1) 듀벨
(2) 맞춤
(3) 이음

05 다음 각 재료의 할증률을 쓰시오. [3점]

유리(①), 목재/판재(②), 자기질 타일(③), 시멘트 벽돌(④)

○▶ ① 1%
② 10%
③ 3%
④ 5%

》》 참고

목재	각재	5%	텍스	5%	벽돌	붉은 벽돌	3%
	판재	10%	석고보드	5%		내화 벽돌	3%
합판	일반용 합판	3%	단열재	10%		시멘트 벽돌	5%
	수장용 합판	5%	유리	1%	블록	경계블록	3%
타일	모자이크	3%	도료	2%		호안블록	5%
	도기, 자기	3%	원형 철근	5%		중공블록	4%
	클링커	3%	이형 철근	3%	원석		30%

06 다음 용어를 간단히 설명하시오. [4점]

(1) 세팅 블록(Setting Block) :

(2) 샌드 블라스트(Sand Blast) :

○ (1) 세팅 블록 : 새시 하단부의 유리끼움
용 부재료로서 유리의 자중을 지지하
는 목적으로 사용한다.
(2) 샌드 블라스트 : 유리면에 기계적으
로 모래를 뿌려 미세한 흠집을 만들
어 빛을 산란시키기 위한 목적의 가
공한다.

07 다음 유리에 대해 설명하시오. [2점]

• 로이유리(Low－emissivity Glass)

○ 로이유리는 가시광선(빛)은 투과시키고,
적외선(열선)은 방사하여 냉난방의 효율
을 극대화시켜주는 특수유리이다.

08 드라이비트의 장점 3가지를 쓰시오. [3점]

①

②

③

○ ① 가공이 용이해 조형성이 뛰어나다.
② 다양한 색상 및 질감으로 뛰어난 외관
구성이 가능하다.
③ 단열성능이 우수하고, 경제적이다.

09 목재건조법 중 인공건조법 3가지를 쓰시오. [3점]

①

②

③

○ ① 증기법
② 열기법
③ 진공법
그 외
④ 훈연법

10 일반 공기가 10일일 때 공사비는 100,000원이고, 급속공기가 7일일
때 공사비는 100,000원에 30,000원의 추가금이 붙는다. 이 공사의
단축 시 필요한 비용구배를 구하시오.

○ $\dfrac{130,000-100,000}{10-7}$

$=\dfrac{30,000}{3}=10,000$원/일

11 다음 괄호 안에 알맞은 용어를 써넣으시오. [6점]

타일을 붙인 후 (①) 동안 양생한 후 줄눈을 파내고, (②)이 경과한
후 물축임을 하고 치장줄눈을 한다. 치장줄눈 너비가 (③) 이상일 경
우 고무흙손을 사용하여 빈틈없이 누르고 2회로 나누어 줄눈을 채운다.

○ ① 3시간
② 24시간
③ 5mm
※ 국가건설기준센터－타일공사 KCS 41
48 01 : 2021－치장줄눈

12 다음 괄호 안에 알맞은 용어를 써넣으시오. [4점]

천장 깊이가 1.5m 이상인 경우에는 가로, 세로 (①) 정도의 간격으
로 달대볼트의 흔들림 방지용 보강재를 설치한다. 달대볼트는 주변부의
단부로부터 (②) 이내에 배치하고 간격은 900mm 정도로 한다.

○ ① 1.8m
② 150mm
※ 국가건설기준센터－천장공사 KCS 41
52 00 : 2021－달대볼트 설치

01 다음 벽돌벽의 차이점에 대하여 설명하시오. [4점]

(1) 내력벽 :

(2) 중공벽 :

(1) 내력벽 : 상부의 고정하중 및 적재하중을 받아 하부의 기초에 전달하는 벽
(2) 중공벽 : 외벽에 방습, 방음, 단열 등의 목적으로 벽체의 중간에 공간을 두어 이중으로 쌓는 벽

02 다음 용어에 대하여 서술하시오. [3점]

(1) 짠마루 :

(2) 거친아치 :

(3) 막만든아치 :

(1) 짠마루 : 큰보 위에 작은보, 그 위에 장선을 걸고 마루널을 깐 것이다.
(2) 거친아치 : 줄눈을 쐐기모양으로 쌓은 아치이다.
(3) 막만든아치 : 일반 벽돌을 쐐기모양으로 다듬어 만든 아치이다.

03 다음 유리의 특성을 쓰시오. [4점]

(1) 로이유리 :

(2) 접합유리 :

(1) 로이유리 : 가시광선을 투사하되 내부열이 외부로 방출되는 것을 막는 특수유리
(2) 접합유리 : 2장 이상의 유리판을 합성수지로 붙여댄 것으로 강도가 크며 두께가 두꺼운 것은 방탄유리로 사용

04 석재공사 시 시공상 주의사항을 4가지 쓰시오. [4점]

①

②

③

④

① 인장력에 약하므로 압축력을 받는 곳에만 사용한다.
② 석재는 중량이 크므로 운반, 취급상의 제한을 고려하여 최대치수를 정한다.
③ 산지에 따라 같은 부류의 석재라도 성분과 색상 등의 차이가 있으므로 공급량을 확인한다.
④ 1m³ 이상이 되는 석재는 높은 곳에 사용하지 않는다.
그 외
⑤ 내화성능이 필요한 곳에는 열에 강한 것을 사용한다.
⑥ 가공 시 예각을 피한다.

05 파티클보드의 특징에 대하여 쓰시오. [2점]

①

②

③

④

① 가공성이 좋고, 강도 방향성이 없다.
② 큰 면적판을 만들 수 있다.
③ 표면이 평탄하고 균일하다.
④ 방충, 방부성이 있다.

06 다음 용어를 설명하시오. [3점]

(1) 쪽매 :

(2) 이음 :

(3) 맞춤 :

⊙ (1) 쪽매 : 재를 섬유방향과 평행으로 옆
      대어 넓게 붙이는 것
  (2) 이음 : 재의 길이방향으로 부재를 길
      게 접합하는 것
  (3) 맞춤 : 재와 서로 직각 또는 경사지게
      접합하는 것

07 직접공사비 4가지를 쓰시오. [4점]

①   ②

③   ④

⊙ ① 경비   ② 재료비
  ③ 노무비   ④ 외주비

08 다음은 도배공사에서 온도유지에 관한 사항이다. (　　) 안에 알맞은 수치를 넣으시오. [3점]

| 보기 |

┌─────────────────────────────────────┐
│ 도배지의 평상시 보관온도는 (　①　)이어야 하고, 시공 전 (　②　) │
│ 시간부터, 시공 후 (　③　)시간까지는 (　④　) 이상의 온도를 │
│ 유지하여야 한다. │
└─────────────────────────────────────┘

①   ②

③   ④

⊙ ① 5℃   ② 72
  ③ 48   ④ 16℃

09 다음 그림을 보고 조적줄눈의 명칭을 쓰시오. [3점]

(1)   (2)   (3)

⊙ (1) 오목줄눈
  (2) 빗줄눈
  (3) 내민줄눈

》》 참고

┌─────────────────────────────────────┐
│ **줄눈 사선방향** │
│ ① 빗줄눈 : 오른쪽에서 왼쪽으로 사선 │
│ ② 엇빗줄눈 : 왼쪽에서 오른쪽으로 사선 │
└─────────────────────────────────────┘

10 어느 건설공사의 작업이 정상적으로 시공될 때 공사기일은 30일, 공사비는 1,000,000원이고, 특급으로 시공될 때 공사기일은 20일, 공사비는 1,500,000원이라면 공기단축 시 필요한 비용구배(Cost Slope)를 구하시오. [3점]

⊙ $\dfrac{1,500,000 - 1,000,000}{30 - 20}$

$= \dfrac{500,000}{10} = 50,000원/일$

11 최대하중 300kN 블록의 전단면 압축강도를 구하시오. [4점]

| 조건 |

- 블록길이 : 390mm
- 높이 : 190mm
- 너비 : 150mm
- 블록살두께 : 25mm
- 전면살두께 : 25mm
- 속빈너비 : 70mm
- 블록무게 : 150kg

○ 블록의 압축강도 $= \dfrac{\text{최대하중}}{\text{시험체의 단면적}}$

$\therefore \dfrac{300\text{kN} \times 10^3}{390\text{mm} \times 150\text{mm}} = \dfrac{300,000\text{N}}{58,500\text{mm}}$
$= 5.12\text{MPa}$

12 다음의 미장재료 중에서 수경성 재료를 〈보기〉에서 모두 골라 쓰시오. [3점]

| 보기 |

회반죽, 인조석 바름, 시멘트 모르타르, 돌로마이트 플라스터, 킨즈 시멘트, 순석고 플라스터, 아스팔트 모르타르

○ 순석고 플라스터, 킨즈 시멘트(경석고 플라스터), 시멘트 모르타르, 인조석 바름

01 다음 용어에 대해 설명하시오. [3점]

(1) 백화현상 :

(2) 벽량 :

(3) 방습층 :

(1) 백화현상 : 조적조 벽면이나 시멘트 모르타르의 표면 등에 흰 가루가 생기는 현상이다.
(2) 벽량 : 수평방향 또는 수직방향의 내력벽길이의 합계를 그 층의 바닥면적으로 나눈 값이다.
(3) 방습층 : 지반의 습기가 벽돌 벽체를 타고 상승하는 것을 막기 위해 설치하는 것으로 지반과 마루 밑 또는 콘크리트 바닥 사이에 설치한다.

02 멤브레인(Membrane) 방수공법 2가지를 쓰시오. [3점]

①   ②

① 아스팔트방수
② 시트방수
그 외
③ 도막방수

03 다음에서 설명하는 도배지 풀칠방법을 쓰시오. [3점]

(1) 종이 전부에 풀칠하며, 순서는 중간부터 갓둘레로 칠해 나간다.
　(　　　)

(2) 종이 주위에 풀칠하여 붙이고 주름은 물을 뿜어둔다. (　　)

(3) 정배지 바로 밑에 바르며, 밑에서 위로 붙여 올라간다. (　　)

① 온통 바름
② 봉투 바름
③ 재벌정 바름

04 다음 횡선식 공정표와 사선식 공정표의 장점을 〈보기〉에서 골라 쓰시오. [2점]

| 보기 |

> ① 공사의 기성고를 표시하는 데 편리하다.
> ② 각 공정별 전체의 공정시기가 일목요연하다.
> ③ 각 공정별 착수 및 종료일이 명시되어 판단이 용이하다.
> ④ 전체 공사의 진척 정도를 표시하는 데 유리하다.

(1) 횡선식 공정표 :

(2) 사선식 공정표 :

(1) 횡선식 공정표 : ②, ③
(2) 사선식 공정표 : ①, ④

》》 참고

횡선식 · 사선식 공정표
① 횡선식 공정표 : 각 공사종목을 종축에, 월일을 횡축에 잡고 공정을 막대그래프로 표시한 것으로, 각 공사의 소요시간을 횡선의 길이로서 나타내는 공정표이다.
② 사선식 공정표 : 작업의 관련성을 나타낼 수는 없으나, 공사의 기성고를 표시하는 데 편리한 공정표로 세로에 공사량과 총인부를 표시하고, 가로에 월, 일수 등을 나타내어 일정한 사선, 절선으로 공사의 진행상태를 수량적으로 나타내는 공정표이다.

05 다음 타일 붙이기의 시공순서를 나열하시오. [3점]

⑤ 바탕처리 – ④ 타일 나누기 – ① 타일 붙이기 – ③ 치장줄눈 – ② 보양

| 보기 |

① 타일 붙이기   ② 보양
③ 치장줄눈   ④ 타일 나누기
⑤ 바탕처리

06 다음 중 〈보기〉의 내용과 관련 있는 것을 고르시오. [4점]

(1) 안장맞춤
(2) 걸침턱맞춤
(3) 턱장부맞춤
(4) 주먹장부맞춤

| 보기 |

주먹장부맞춤,   안장맞춤,   걸침턱맞춤,   턱장부맞춤

(1) 평보와 ㅅ자보에 쓰인다.(　　　)

(2) 지붕보와 도리, 충보와 장선 등의 맞춤에 쓰인다.(　　　)

(3) 토대와 창호 등의 모서리 맞춤에 쓰인다.(　　　)

(4) 토대의 T형 부분이나 토대와 멍에의 맞춤, 달대공의 맞춤에 쓰인다.
　　(　　　)

07 목재 방부처리방법의 종류를 3가지 쓰시오. [3점]

①

②

③

① 도포법
② 침지법
③ 상압주입법
그 외
④ 가압주입법
⑤ 생리적 주입법

≫ 참고

> **목재 방부처리방법**
> ① 도포법 : 크레오소트 등을 솔 등을 이용하여 도포
> ② 침지법 : 방부제 용액에 일정시간 및 기간 동안 담금질
> ③ 상압주입법 : 보통 압력하에서 방부제 주입
> ④ 가압주입법 : 7~12압의 고압하에서 방부제 주입
> ⑤ 생리적 주입법 : 벌목 전 생목근에 방부제를 주입하여 목질부 내에 침투

08 다음 용어에 대해 간략히 설명하시오. [4점]

(1) 펀칭메탈 :

(2) 메탈라스 :

(1) 펀칭메탈 : 얇은 철판에 각종 모양을 도려낸 것으로 환기구 또는 방열기 커버 등에 쓰인다.
(2) 메탈라스 : 얇은 철판에 자른 금을 내어 당겨 늘린 것으로 천장, 벽, 처마둘레의 미장 바름 보호용으로 쓰인다.

09 안전유리의 종류 3가지를 쓰고 설명하시오. [3점]

①

②

③

① 강화유리 : 보통유리의 3~5배로 강도가 크고 내열성이 있으며 현장절단 가공이 어렵다.
② 망입유리 : 유리판 중앙에 철선망을 넣어 만든 유리로 화재나 충격 시 파편이 산란하는 위험을 방지하는 유리이다.
③ 접합유리 : 2장 이상의 유리판을 합성수지로 붙여댄 것으로 강도가 크며 두께가 두꺼운 것은 방탄유리로 사용한다.

10 다음 〈보기〉에서 방음재료를 골라 기입하시오. [3점]

| 보기 |

① 탄화코르크	② 암면
③ 어쿠스틱 타일	④ 석면
⑤ 광재면	⑥ 목재루버(코펜하겐 리브)
⑦ 알루미늄	⑧ 구멍합판
⑨ 거품유리	⑩ 경량모르타르

》》 참고

방음재료의 종류
① 어쿠스틱 타일(Acoustic Tile) : 연질 섬유판에 잔구멍을 뚫은 후 표면에 칠로 마무리한 판상의 제품이다.
② 목재루버(Wooden Louver) : 코펜하겐 리브라고도 하며 목재면을 특수한 형상으로 가공하여 붙여대는 것이다.
③ 구멍합판 : 뒤에 섬유판 등을 대고 표면에 일정한 간격으로 구멍을 뚫은 합판이다.
④ 거품유리 : 미세한 독립 기포를 고르게 포함하는 비중 0.16~1.3 정도의 가벼운 유리로, 폼글라스라고도 한다. 발포제로서 탄산염 등을 혼합한 유리 가루를 형에 넣고 가열하여 만들며 불연성의 단열, 차음재로 사용한다.
⑤ 기타 : 플라스틱 흡음판, 카페트(양탄자)

③ 어쿠스틱 타일, ⑥ 목재루버(코펜하겐 리브), ⑧ 구멍합판, ⑨ 거품유리

11 조적공사 시 세로규준틀에 기입해야 할 사항을 4가지 쓰시오. [4점]

①

②

③

④

① 쌓기 단수 및 줄눈 표시
② 창문틀의 위치 및 규격
③ 매립철물 및 나무벽돌 위치
④ 테두리보 설치위치

12 다음 평면도에서 쌍줄비계를 설치할 때 외부비계면적을 산출하시오. [5점]

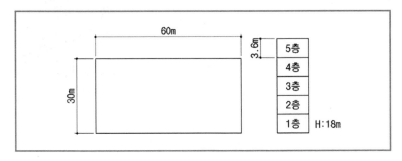

외부쌍줄비계 산출공식
$$A = H \times \{2 \times (a+b) + 0.9 \times 8\}$$
$$= 18 \times \{2 \times (60+30) + 0.9 \times 8\}$$
$$= 18 \times (180 + 7.2)$$
$$= 18 \times 187.2$$
$$= 3,369.6m^2$$

01 다음 쪽매의 명칭을 써넣으시오. [4점]

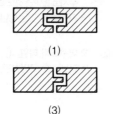

(1)

(2)

(3)

(4)

▶ (1) 딴혀쪽매
(2) 오니쪽매
(3) 제혀쪽매
(4) 반턱쪽매

02 다음 중 석재 건식공법 중 앵커긴결공법의 특징 3가지를 쓰시오. [3점]

①

②

③

≫ 참고

앵커긴결공법
석재 돌붙임 공법 중 건식 공법으로, 건물 구조체에 단위석재를 앵커와 파스너에 의해 독립적으로 설치하는 공법이다.

▶ ① 동절기 시공이 가능하며 백화현상 방지에 유리하다.
② 실링재의 내구성, 내후성 등을 검토할 필요가 있다.
③ 구조체와 석재면 사이에는 70~80 mm 정도의 간격이 필요하므로 사전에 공간치수에 대한 고려가 필요하다.
그 외
④ 파스너 설치방식에 따라 싱글파스너, 더블파스너 방식으로 구분할 수 있다.

03 로이(Low−e)유리에 대해 설명하시오. [3점]

▶ ① 정의 : 가시광선(빛)은 투과시키고, 적외선(열선)은 방사하여 냉난방의 효율을 극대화해주는 에너지 절약형 유리이며 저방사유리라고도 한다.
② 특징
• 높은 단열효과로 난방비 절감
• 결로현상 방지효과
• 자외선 차단효과
• 가시광선은 투과시켜 밝은 실내 유지

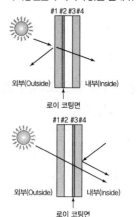

04 도장공사 시 본타일 시공순서를 바르게 나열하시오. [3점]

| 보기 |

> ① 초벌   ② 바탕처리   ③ 정벌   ④ 재벌

》》 참고

본타일 도장(Bone Tile)
- 뿜칠의 형태로 요철무늬를 만드는 수용성 도료이다.
- 중도제(백시멘트, 석분, 조개가루 혼합제)를 뿜칠하여 입체모양 (1~5mm)의 요철무늬가 있다.
- 입체감 및 질감이 있고 무공해 수성계(세라민계) 본타일 도료로서 내수성, 내알칼리성, 내세척성, 작업성, 접착력 등이 우수하며 방음효과가 있다.

◉ ② 바탕처리 – ① 초벌 – ④ 재벌 – ③ 정벌

또는 바탕처리 – 초벌(하도 1회) → 재벌(중도 1회) → 정벌 1회(상도 1회) → 정벌 2회(상도 2회)

05 다음 용어설명에 맞는 재료를 기입하시오. [3점]

(1) 건조된 얇은 단판을 섬유방향이 서로 직교되게 홀수 겹으로 겹쳐 붙여 대는 판재(   )

(2) 목재의 부스러기를 합성수지와 접착제를 섞어 가열·압축한 판재
(   )

(3) 판재를 여러 장 겹쳐 큰 단면 및 긴 부재를 만드는 것이 가능한 판재
(   )

◉ (1) 합판
(2) 파티클보드
(3) 집성목재

06 석재의 표면 마무리 공법의 종류를 4가지 쓰시오. [4점]

①
②
③
④

◉ ① 버너구이법(화염분사법) : 버너 등으로 석재면을 달군 다음 찬물을 뿌려 급랭시켜 표면을 거친면으로 마무리하는 공법
② 플래너갈기법 : 석재 표면을 기계로 갈아서 평탄하게 마무리하는 공법
③ 모래분사법 : 석재의 표면에 고압으로 모래를 분출시켜 면을 곱게 마무리하는 공법
④ 착색법 : 석재의 흡수성을 이용하여 석재의 내부까지 착색시키는 방법

07 다음은 화살형 네트워크에 관한 설명이다. 해당되는 용어를 쓰시오. [3점]

(1) 작업공간이 가지는 여유시간(   )

(2) 결합점이 가지는 여유시간(   )

◉ (1) 플로트(Float)
(2) 슬랙(Slack)

08 표준형 시멘트 벽돌 500장으로 쌓을 수 있는 1.5B 두께의 벽면적은 얼마인가?(단, 할증률은 고려하지 않는다) [3점]

◉ 벽면적 $= \dfrac{500}{224} = 2.232142857$
$= 2.23\text{m}^2$

09 다음 조건을 보고 필요한 타일수량을 구하시오. [4점]

| 조건 |

- 타일크기 : 180mm × 180mm
- 줄눈 : 10mm
- 바닥면적 : 10m × 20m

⊙
$$\frac{200}{(0.18+0.01)\times(0.18+0.01)}$$
$$=\frac{200}{0.19\times0.19}=\frac{200}{0.0361}$$
$$=5,540.1662=5,541매$$

10 석공사에서 석재의 접합에 사용되는 연결철물의 종류를 3가지 쓰시오. [3점]

① _____ ② _____ ③ _____

⊙ ① 은장
② 꺽쇠(양쪽 끝을 구부려 ㄷ자 모양으로 만든 철물, 규격 : D10, ϕ9)
③ 촉(규격 : D10, ϕ9)

》》 참고

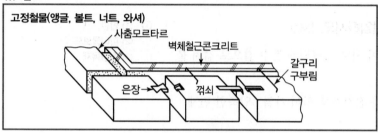

고정철물(앵글, 볼트, 너트, 와셔)

11 목재 바탕정리 시 주의사항을 기입하시오. [4점]

》》 참고

건축공사 일반사항(KCS 41 10 00)/국가건설기준, 표준시방서 참고 〈개정 2021. 8. 13.〉
① 바탕처리 : 바탕에 대해서 도장에 적절하도록 행하는 처리. 즉 하도를 칠하기 전 바탕에 묻어 있는 기름, 녹, 흠을 제거하는 처리 작업
② 목부 바탕 만들기 : 오염, 부착물 제거 → 송진처리 → 연마지 닦기 → 옹이땜 → 구멍땜

⊙ ① 목재의 종류, 벌채시기 등에 따라 상이하므로 사전에 그 재질에 맞는 적당한 방법을 선택하여야 한다.
② 표면에 두드러진 못은 주변의 손상을 방지할 수 있는 펀치로 박고, 녹슬 우려가 있을 때는 징크퍼티를 채운다.
③ 갈라진 틈, 벌레구멍, 홈, 이음자리 및 쪽매널의 틈서리, 우묵한 곳 등에는 구멍땜 퍼티를 써서 표면을 평탄하게 한다.
④ 먼지, 오염, 부착물은 목부를 상하지 않도록 제거·청소하고, 필요하면 상수돗물 또는 더운물로 닦는다.
⑤ 유류, 기타 오물 등을 닦아내고 휘발유, 희석제 등으로 닦는다.

12 괄호 안에 알맞은 말을 쓰시오. [3점]

경량콘크리트(RC조) 천장에 달대 설치 시 고정용 인서트 간격은 세로 (①), 가로 (②)로 한다.

① _____ ② _____

⊙ ① 1m
② 2m

01 벽돌벽에서 발생할 수 있는 백화현상 방지대책을 3가지 쓰시오. [3점]

①

②

③

> ① 소성이 잘된 양질의 벽돌을 사용한다.
> ② 파라핀도료를 발라 염류방출을 방지한다.
> ③ 줄눈에 방수제를 사용하여 밀실 시공한다.
> 그 외
> ④ 벽면에 빗물이 침투하지 못하도록 비막이를 설치한다.

02 다음 용어에 대하여 서술하시오. [3점]

(1) 연귀맞춤 :

(2) 바심질 :

(3) 마름질 :

> (1) 연귀맞춤 : 모서리 구석 등에 표면 마구리가 보이지 않도록 45도 각도로 빗잘라 대는 맞춤
> (2) 바심질 : 구멍뚫기, 홈파기, 면접기 및 대패질로 목재를 다듬는 일
> (3) 마름질 : 목재를 크기에 따라 각 부재의 소요 길이로 잘라내는 일

03 다음은 타일 나누기 순서이다. 알맞게 나열하시오. [3점]

| 보기 |

① 보양	② 청소
③ 치장줄눈	④ 타일 나누기
⑤ 바탕처리	⑥ 타일 붙이기

> ⑤ 바탕처리 - ④ 타일 나누기 - ⑥ 타일 붙이기 - ③ 치장줄눈 - ① 보양 - ② 청소

04 표준형 벽돌 1.5B 시멘트 벽돌 쌓기 시 벽돌량과 모르타르량을 구하시오(단, 벽길이 10m, 벽높이 2.5m, 할증률 5%). [3점]

> • 벽면적 : $10 \times 2.5 = 25m^2$
> • 정미량 : $25 \times 224 = 5,600$매
> • 소요량 : $5,600 \times 1.05 = 5,880$매
> • 모르타르량 : $\dfrac{5,600}{1,000} \times 0.35$
> $= 1.96m^3$

05 다음 용어를 설명하시오. [4점]

• 익스팬션볼트(Expansion Bolt)

> 확장볼트 또는 팽창볼트라고도 하며 콘크리트, 벽돌 등의 면에 띠장 문틀 등의 다른 부재를 고정하기 위하여 설치하는 특수볼트이다.

06 벽돌공사 시 지면에 접하는 방습층을 설치하는 목적, 위치, 재료에 대하여 설명하시오. [3점]

(1) 목적 :

(2) 위치 :

(3) 재료 :

> (1) 목적 : 지반의 습기가 벽돌 벽체를 타고 상승하는 것을 막기 위해 설치한다.
> (2) 위치 : 지반과 마루 밑 또는 콘크리트 바닥 사이에 설치한다.
> (3) 재료 : 방수 모르타르 또는 아스팔트 모르타르를 1~2cm 두께로 바른다.
> ※ 아스팔트를 도포 후 아스팔트 펠트를 깐다.

07 현장에서 절단이 가능한 다음 유리의 절단방법을 서술하고, 현장에서 절단이 어려운 유리를 2가지 쓰시오. [4점]

    (1) 접합유리 :

    (2) 망입유리 :

    (3) 절단이 어려운 제품 :

> (1) 접합유리 : 양면을 유리칼로 자르고, 필름은 면도칼로 절단한다.
> (2) 망입유리 : 유리는 유리칼로 자르고 철망은 꺾기를 반복하여 절단한다.
> (3) 절단이 어려운 제품 : 강화유리, 복층 유리, 유리블록

08 스프레이 뿜칠공정에 대하여 서술하시오. [3점]

> • 도장용 스프레이건을 사용하며 노즐구 경은 1.0~1.2mm가 있고, 뿜칠의 공기압력은 2~4kg/cm², 뿜칠거리는 30cm 거리에서 항상 평행 이동하면서 칠면에 직각으로 속도가 일정하게 이행해야 큰 면적을 균등하게 도장할 수 있다.
> • 건(Gun)의 연행(각 회의 뿜도장)방향은 제1회 때와 제2회 때를 서로 직교하게 진행시켜서 뿜칠을 해야 한다.
> • 매회의 에어스프레이는 붓도장과 동등한 정도의 두께로 하고, 2회분의 도막 두께를 한 번에 도장하지 않는다.
> • 도막을 일정하게 유지하기 위해 1/2~1/3 정도 겹치도록 순차적으로 이행한다.

09 타일 박락의 시공 후 검사방법을 2가지 쓰시오. [2점]

    ①

    ②

> ① 인장시험검사
> ② 주입시험검사
> 그 외
> ③ 두들김검사

10 도배지 풀칠방법을 2가지 기술하시오. [4점]

    ①

    ②

> ① 온통바름 : 도배지 전부를 풀칠하며, 순서는 중간부터 갓둘레로 칠해 나간다.
> ② 봉투바름 : 도배지 주위에 풀칠하여 붙이고 주름은 물을 뿜어 둔다.
> 그 외
> ③ 재벌정바름 : 정배지 바로 밑에 바르며 순서는 밑에서 위로 붙여 나간다.

11 유성페인트 도장 시 수분이 완전히 증발된 후 칠하는 이유를 간단히 쓰시오. [3점]

> 도료를 바탕에 잘 부착하고 부풀음, 터짐, 벗겨짐을 방지하기 위해서이다.
> ※ 도료 부착의 저해 요인 : 유지분(기름기), 수분(물기), 진, 녹 등

12 다음 공정표에 제시된 작업일수를 근거로 하여 공정표를 완성하시오. [5점]

| 보기 |

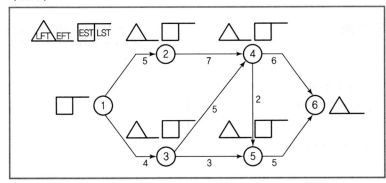

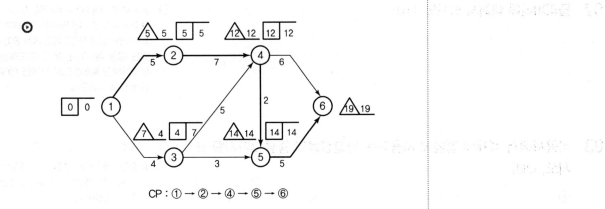

CP : ① → ② → ④ → ⑤ → ⑥

01 벽타일 붙이기 시공순서를 쓰시오. [3점]

| 보기 |

① 보양	② 타일 붙이기
③ 치장줄눈	④ 타일 나누기
⑤ 바탕처리	

⊙ ⑤ 바탕처리 – ④ 타일 나누기 – ② 타일 붙이기 – ③ 치장줄눈 – ① 보양

02 폴리퍼티에 대해서 쓰시오. [3점]

⊙ 불포화 폴리에스테르 퍼티로, 건조가 빠르고 시공성 및 후도막성이 우수하며 기포가 거의 없어 작업공정을 크게 줄일 수 있는 경량 퍼티이다. 특히, 후도막성이 우수하여 금속표면 도장 시 바탕 퍼티작업에 주로 사용된다.

03 석공사에서 석재의 접합에 사용되는 연결철물의 종류 3가지를 쓰시오. [3점]

①   ②   ③

⊙ ① 은장   ② 꺾쇠   ③ 촉

※ 은장 : 두 부재의 면을 파고 양쪽 부재가 벌어지지 않게 끼워 넣는 나비모양의 긴 철물이다.

04 석공사에 사용되는 줄눈의 종류 3가지를 쓰시오. [3점]

①   ②   ③

⊙ ① 평줄눈   ② 민줄눈
③ 내민줄눈
그 외
④ 빗줄눈

05 다음 〈보기〉를 열가소성 수지와 열경화성 수지로 구분하시오. [4점]

| 보기 |

페놀수지, 요소수지, 염화비닐수지, 멜라민수지, 스티로폴수지, 불소수지, 초산비닐수지, 실리콘수지

(1) 열가소성 수지 :

(2) 열경화성 수지 :

⊙ (1) 열가소성 수지 : 염화비닐수지, 스티로폴수지, 불소수지, 초산비닐수지
그 외 폴리에틸렌수지, 폴리프로필렌수지, 아크릴수지
(2) 열경화성 수지 : 페놀수지, 요소수지, 멜라민수지, 실리콘수지
그 외 폴리에스테르수지, 에폭시수지, 폴리우레탄수지

06 회반죽에 사용되는 여물 3가지를 쓰시오. [3점]

①
②
③

⊙ ① 삼여물
② 흰털여물
③ 종이여물

07 다음은 도배공사에 사용되는 특수벽지이다. 서로 관계있는 것끼리 연결하시오. [3점]

| 보기 |

㉠ 지사벽지	㉡ 유리섬유벽지
㉢ 직물벽지	㉣ 코르크벽지
㉤ 발포벽지	㉥ 갈포벽지

① 종이벽지( )　　　② 비닐벽지 ( )

③ 섬유벽지( )　　　④ 초경벽지( )

⑤ 목질계벽지( )　　⑥ 무기질벽지( )

참고

도배지의 종류(바탕처리 - 초배지 - 재배지 - 정배지)

구분	종류
초배지, 재배지	• 한지(참지, 백지, 피지) • 양지(갱지, 모조지, 마분지)
정배지	• 종이벽지(일반벽지, 코팅벽지, 지사벽지) • 비닐벽지(비닐실크벽지, 발포벽지) • 섬유벽지(직물벽지, 스트링벽지, 부직포벽지) • 초경벽지(갈포벽지, 완포벽지, 황마벽지) • 목질계벽지(코르크벽지, 무늬목벽지, 목포벽지) • 무기질벽지(질석벽지, 금속박벽지, 유리섬유벽지)

⊙ ① ㉠　　② ㉤
　③ ㉢　　④ ㉥
　⑤ ㉣　　⑥ ㉡

08 다음의 용어를 설명하시오. [3점]

• OSB(Oriented Strand Board)

⊙ 얇게 자른 나뭇조각을 직각으로 겹친 후 방수성 수지로 강하게 압축한 보드로, 강도 및 경도가 매우 높아 칸막이벽 또는 가구를 만들 때 사용되고 표면의 질감과 문양이 색달라서 마감재로 사용된다.

09 다음은 공기단축의 공사계획이다. 비용구배가 큰 작업순서대로 나열하시오. [3점]

구분	표준공기(일)	표준비용(원)	급속공기(일)	급속비용(원)
A	4	6,000	2	9,000
B	15	14,000	14	16,000
C	7	5,000	4	8,000

⊙ • $A = \dfrac{9,000-6,000}{4-2} = 1,500$원/일

• $B = \dfrac{16,000-14,000}{15-14} = 2,000$원/일

• $C = \dfrac{8,000-5,000}{7-4} = 1,000$원/일

∴ B-A-C

10 다음은 모르타르 배합비에 따른 재료량이다. 총 25m³ 시멘트 모르타르를 필요로 할 때 각 재료량을 구하시오. [6점]

배합용적비	시멘트(kg)	모래	인부(인)
1 : 3	510	1.1	1.0

(1) 시멘트량 :

(2) 모래량 :

(3) 인부 수 :

⊙ (1) 시멘트량 : 510kg×25m³
= 12,750kg = 12.75t
(2) 모래량 : 1.1×25m³ = 27.5m³
(3) 인부 수 : 1.0×25m³ = 25(인)

11 코너비드의 종류 및 규격에 대해서 설명하시오. [4점]

(1) 종류 :

(2) 규격 :

⊙ (1) 종류 : 황동제, 합금도금 강판, 아연도금 강판, 스테인리스 강판
(2) 규격 : 공사시방서에 정한 바가 없을 때에는 길이를 1,800mm를 기준으로 한다.

※ 코너비드 : 기둥이나 벽 등의 모서리를 보호하기 위해 대는 것을 말한다.

12 콘크리트의 균열 발생이 예상되는 위치에 미리 설치하는 탄력 있는 줄눈은? [2점]

⊙ **신축줄눈**
구조체의 온도 변화에 의한 팽창, 수축 혹은 부동침하(不同沈下), 진동 등에 의해서 콘크리트의 균열 발생이 예상되는 위치에 미리 구조체를 떼낼 목적으로 두는 탄력성을 갖게 한 줄눈이다.

01 타일공사에서 Open Time을 설명하시오. [3점]

⊙ 타일의 접착력을 확보하기 위하여 모르타르를 바른 후 타일을 붙일 때까지 소요되는 시간이다.

02 벽돌벽 균열 원인을 계획상, 시공상으로 나누어 2가지씩 쓰시오. [4점]

(1) 계획상

①

②

(2) 시공상

①

②

⊙ (1) 계획상
　　① 기초의 부동침하
　　② 건물의 평면, 입면의 불균형 및 벽의 불합리한 배치
　　그 외
　　③ 벽돌벽의 길이, 높이, 두께에 대한 벽돌 벽체의 강도 부족
　　④ 큰 집중하중, 횡하중 등을 받게 된 부분
　　⑤ 문꼴 크기의 불합리 및 불균형 배치 등
(2) 시공상
　　① 벽돌 및 모르타르 자체의 강도 부족 및 신축성
　　② 벽돌벽의 부분적 시공 결함
　　그 외
　　③ 이질재와 접합부의 시공 결함
　　④ 칸막이벽(장막벽) 상부의 모르타르 다져 넣기 부족
　　⑤ 모르타르 바름 시 들뜨기

03 영식 쌓기에 관한 설명이다. ( ) 안에 알맞은 말을 쓰시오. [3점]

(①)와 (②)를 한 켜식 번갈아 쌓아 올리며 벽의 끝이나 모서리에는 (③) 또는 반절을 사용한다. 통줄눈이 거의 생기지 않아 가장 튼튼한 쌓기방법이다.

⊙ ① 길이쌓기
② 마구리쌓기
③ 이오토막

04 석재공사 시 시공상 주의사항 3가지를 쓰시오. [4점]

①

②

③

⊙ ① 인장력에 약하므로 압축력을 받는 곳에만 사용한다.
② 석재는 중량이 크므로 운반, 취급상의 제한을 고려하여 최대치수를 정한다.
③ 산지에 따라 같은 부류의 석재라도 성분과 색상 등의 차이가 있으므로 공급량을 확인한다.
그 외
④ $1m^3$ 이상이 되는 석재는 높은 곳에 사용하지 않는다.
⑤ 내화성능이 필요한 곳에는 열에 강한 것을 사용한다.
⑥ 가공 시 예각을 피한다.

05 셀프 레벨링(SL : Self Leveling)재의 시공순서를 나열하시오. [3점]

표면처리 – 프라이머 – 셀프레벨링재 타설 – 양생 – 1차 코팅 – 2차 코팅

> **≫ 참고**
>
> **셀프 레벨링재**
> ① 정의 : 석고계, 시멘트계가 있으며 자체 유동성이 있기 때문에 평탄하게 되는 성질을 이용하여 바닥 마름질 공사 등에 사용하는 재료이다.
> ② 장점
> • 무질계 세라믹 바닥재로 난연성이 매우 우수하다.
> • 초속경, 속건성으로 후속작업이 빠르다.
> • 접착력, 내마모성, 내화학성이 우수하다.
> • 연동성 및 작업성이 우수하다.

06 목재 반자틀의 시공순서를 나열하시오. [3점]

④ 달대받이 – ⑤ 반자돌림대 – ③ 반자틀받이 – ① 달대 – ② 반자널

| 보기 |

> ① 달대   ② 반자널
> ③ 반자틀받이   ④ 달대받이
> ⑤ 반자돌림대

07 다음은 네트워크 공정표에 사용되는 용어이다. 괄호 안에 해당하는 용어를 쓰시오. [5점]

(1) DF
(2) LST
(3) TF
(4) CP
(5) FF

(1) TF와 FF의 차(   )

(2) 프로젝트의 지연 없이 시작될 수 있는 작업의 최대 늦은 시간

    (   )

(3) 작업을 EST로 시작하고 LFT로 완료할 때 생기는 여유시간(   )

(4) 개시 결합점에서 종료 결합점에 이르는 가장 긴 패스(   )

(5) 후속작업의 EST에 영향을 주지 않는 범위 내에서 한 작업이 가질 수 있는 여유시간, 즉 각 작업의 지연 가능 일수(   )

> **≫ 참고**
>
> **네트워크 공정표 관련 용어**
> ① TF(Total Float, 총여유) : 가장 빠른 개시시각(EST)에서 작업을 시작하여 가장 늦은 종료시각(LFT)에 완료할 때 생기는 여유시간이다.
> ② FF(Free Float, 자유여유) : 가장 빠른 개시시각(EST)에 작업을 시작하여 후속작업도 가장 빠른 개시시각(LFT)에 시작하여도 생기는 여유시간이다.
> ③ DF(Dependent Float, 간섭여유) : 후속작업의 TF에 영향을 주는 플로트(여유)이다. DF = TF – FF
> ④ LST(Latest Starting Time, 가장 늦은 개시시각) : 공기에 영향이 없는 범위에서 작업을 가장 늦게 시작해도 좋은 시간이다.
> ⑤ CP[Critical Path, 주공정선(경로)] : 네트워크상에 전체 공기를 지배하는 가장 긴 작업경로, 굵은 실선으로 표현한다.
> ⑥ LP(Longest Path, 최장패스) : 임의의 두 결합점 간의 경로 중 소요시간이 가장 긴 경로이다.

08 다음 〈보기〉는 치장줄눈의 종류이다. 상호 관계있는 것을 고르시오. [5점]

| 보기 |

> 평줄눈, 볼록줄눈, 오목줄눈, 민줄눈, 내민줄눈

용도	의장성	형태
벽돌의 형태가 고르지 않은 경우	질감(Texture)의 거침	(①)
면이 깨끗하고 반듯한 벽돌	순하고 부드러운 느낌, 여성적 선의 흐름	(②)
벽면이 고르지 않은 경우	줄눈의 효과가 확실함	(③)
면이 깨끗한 벽돌	약한 음영, 여성적 느낌	(④)
형태가 고르고 깨끗한 벽돌	질감을 깨끗하게 연출하며 일반적인 형태	(⑤)

① 평줄눈
② 볼록줄눈
③ 내민줄눈
④ 오목줄눈
⑤ 민줄눈

09 벽의 높이가 3m이고 길이가 15m일 때 시멘트 표준형 벽돌 1.0B 쌓기 시 모르타르량과 벽돌량을 산출하시오(단, 할증률 포함, 배합비 1 : 3). [4점]

(1) 벽면적 :

(2) 벽돌량 :

(3) 모르타르량 :

(1) 벽면적 : $3 \times 15 = 45\text{m}^2$

(2) 벽돌량 : $45 \times 149(\text{매}) \times 1.05$
$= 7,040\text{매}$

(3) 모르타르량 : $\dfrac{6,705(\text{정미량})}{1,000} \times 0.33$
$= 2.21\text{m}^3$

10 다음 〈보기〉에서 품질관리의 순서를 나열하시오. [2점]

| 보기 |

> ① 계획(Plan)　② 검토(Check)　③ 실시(Do)　④ 시정(Action)

① 계획(Plan) – ③ 실시(Do) – ② 검토(Check) – ④ 시정(Action)

11 다음 설명에 해당하는 합성수지 중 열경화성 수지의 종류를 쓰시오. [2점]

무색투명하여 착색이 자유롭고 내수성, 내마모성이 뛰어나며 내열성(120℃)이 매우 우수하기 때문에 고온으로 음식물을 조리하는 싱크대 도료로 적합하다. (　　　)

멜라민수지

》》 참고

1. 멜라민수지
• 기계적 강도, 전기적 성질 및 내노화성이 우수하다.
• 용도 : 벽판, 천장판, 카운터, 조리대, 냉장고, 실험대 등

2. 열경화성 수지와 열가소성 수지
① 열경화성 수지 : 페놀수지, 요소수지, 멜라민수지, 알키드수지, 폴리에스테르수지, 우레탄수지, 에폭시수지, 실리콘수지
② 열가소성 수지 : 염화비닐수지, 초산비닐수지, 폴리비닐수지, 아크릴수지, 폴리아미드수지, 폴리스티렌수지, 불소수지, 폴리에틸렌수지

12 다음 ( ) 안에 알맞은 용어를 쓰시오. [2점]

( )은 여러 가지 온도에 연화되도록 만들어진 59종의 각추가 있고 어떤 온도에서 각추의 윗부분이 숙여지면 그 추의 번호로 소성온도를 나타내는데, 측정범위는 600~700℃이다.

◉ 제게르 콘

※ 제게르 콘(Seger Cone)법 : 점토의 소성온도 측정법

≫ 참고

> **제게르 콘(Seger Cone)에 의한 온도 측정**
> 제게르 콘은 1985년 독일의 제게르(H. Seger)에 의하여 착안된 것으로 점토와 그 밖의 규산염 및 금속 산화물을 배합하여 만든 삼각추모양이며 가열되었을 때 성분 비율에 따라 변형·변화되는 온도가 다른 성질을 이용하여 온도를 측정하는 것이다. 제게르 콘은 조성에 따라 내화도를 나타내는 SK와 숫자로 표기되며 숫자가 클수록 내화도가 높음을 표시한다. 일반적으로 내화점토에 약간의 경사를 두고 콘을 고정하여 온도가 상승함에 따라 콘이 휘어지면서 쓰러지게 되는 정도를 보고 온도를 측정한다. 오턴 콘(Oton Cone)은 미국에서 사용되고 있으며 그 원리는 제게르 콘과 비슷하다. 도자기 온도 측정용(SK 8~9)으로 소형과 대형이 있는데, 일반적으로 도자기에서는 대형 콘을 많이 사용한다.
>
>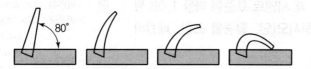

01 석재를 건식으로 부착하는 공법 2가지를 쓰시오. [3점]

①

②

02 다음 용어에 대한 설명을 기입하시오. [4점]

(1) 바심질 :

(2) 마름질 :

03 다음 〈보기〉의 재료를 기경성과 수경성으로 구분하여 쓰시오. [4점]

| 보기 |

① 진흙	② 순석고 플라스터
③ 회반죽	④ 돌로마이트 플라스터
⑤ 킨즈 시멘트	⑥ 인조석 바름(테라초)
⑦ 시멘트 모르타르	

(1) 기경성 미장재료 :

(2) 수경성 미장재료 :

04 다음 타일 붙이기의 시공순서를 나열하시오. [3점]

| 보기 |

① 타일 붙이기	② 보양
③ 치장줄눈	④ 타일 나누기
⑤ 바탕처리	

05 다음 시트방수공법을 순서에 맞게 나열하시오. [2점]

| 보기 |

① 접착제 도포	② 프라이머 도포
③ 마무리	④ 시트 붙이기
⑤ 바탕처리	

06 다음은 도장에 사용되는 재료이다. 녹막이 방지를 위한 녹막이 도료 3가지를 고르시오. [3점]

| 보기 |

> 광명단, 아연분말 도료, 에나멜 도료, 멜라민수지 도료, 징크로메이트, 요소수지 도료

→ 광명단, 아연분말 도료, 징크로메이트
그 외
알루미늄도료, 산화철 녹막이, 역청질 도료

07 어느 건설공사의 한 작업이 정상적으로 시공할 때 공사기일은 15일, 공사비는 1,000,000원이고, 특급으로 시공할 때 공사기일은 10일, 공사비는 1,500,000원이라면 공기단축 시 필요한 비용구배(Cost Slope)를 구하시오. [3점]

→ $\dfrac{1,500,000 - 1,000,000}{15 - 10}$

$= \dfrac{500,000}{5} = 100,000$원/일

08 욕실 천장 시공공법 중 공기단축이 되는 공법은 무엇인가? [3점]

→ UBR System(건식 공법)
습식 공사에 비해 15~18일의 시공기간이 단축되며 동절기 공사가 가능하다. 또한 조립공정을 시행하므로 단순하며, 방수 및 보온력, 내부식성, 내수성, 내오염성이 우수하다.

09 백화의 원인과 제거방법에 대해 서술하시오. [4점]

(1) 원인
①
②
(2) 제거방법
①
②
③

→ (1) 원인
① 모르타르에 포함되어 있는 소석회가 공기 중의 탄산가스와 화학반응 하여 발생한다.
② 벽돌 중에 있는 황산나트륨이 공기 중의 탄산가스와 화학반응 하여 발생한다.
(2) 제거방법
① 건조 후 브러시로 청소하고 물세척으로 마무리한다.
② 염산과 물(1 : 9)을 희석한 염산물로 세척한다.
③ 물청소를 하고, 건조 후 방수제를 도포한다.

»» 참고

┌───┐
백화의 대책
① 소성이 잘된 양질의 벽돌을 사용한다.
② 파라핀도료를 발라 염류방출을 방지한다.
③ 줄눈에 방수제를 사용하여 밀실 시공한다.
④ 벽면에 빗물이 침투하지 못하도록 비막이를 설치한다.
└───┘

10 외벽 테라스 창호 설치 시 누수원인을 2가지 쓰시오. [4점]

①
②

→ ① 실리콘 코킹의 틈새 발생
② 우레탄 사출작업 및 코킹작업 누락
그 외
③ 창틀 프레임 파손 및 불량
④ 외벽크랙 및 수밀성 저하
⑤ 옥상 및 상위층 누수 진행

11 10×10cm 각, 길이 6m인 나무의 무게가 15kg, 전건중량 10.8kg이라면 이 나무의 함수율은 얼마인가? [3점]

● 함수율

$\dfrac{\text{나무무게} - \text{전건무게}}{\text{전건무게}} \times 100$

$= \dfrac{15 - 10.8}{10.8} \times 100 = \dfrac{4.2}{10.8} \times 100$

$= 38.888 = 38.89\%$

12 다음 괄호 안에 들어가는 정답을 쓰시오. [4점]

보강 콘크리트 블록공사 시 세로근의 정착 길이는 철근직경(d)의 (①)배 이상이어야 하고 브라우트 및 모르타르의 세로피복 두께는 (②)mm 이상으로 한다.

● ① 40
② 20

>>> 참고

> 세로근은 구부리지 않고 기초에서 테두리보까지 잇지 않고 사용하여야 하며, 테두리보 위에 쌓는 박공벽의 세로근은 테두리보에 40d 이상 정착하고 세로근 상단부는 180°의 갈고리를 내어 벽상부의 보강근에 걸치고 결속선으로 결속한다.

2019년 제1회 실내건축기사 시공실무

01 다음 용어에 대한 설명을 기입하시오. [2점]

(1) 바심질 :

(2) 마름질 :

(1) 바심질 : 구멍뚫기, 홈파기, 면접기 및 대패질로 목재를 다듬는 일
(2) 마름질 : 목재의 크기에 따라 각 부재의 소요길이로 잘라내는 일

02 다음에서 설명하는 용어를 쓰시오. [3점]

(1) 화살선으로 표현할 수 없는 작업의 상호관계를 표시하는 화살표
( )

(2) 공기 1일을 단축하는 데 필요한 증가비용( )

(3) 더 이상 공기단축 시 드는 비용을 줄일 수 없는 것( )

(1) 더미(Dummy)
(2) 비용구배
(3) 특급점

03 다음 용어에 대하여 서술하시오. [4점]

(1) 조이너 :

(2) 코너비드 :

(1) 조이너 : 천장, 벽 등의 이음새를 감추기 위해 사용한다.
(2) 코너비드 : 기둥, 벽 등의 모서리를 보호하기 위하여 대는 것이다.

04 다음 석재의 표면 마무리공법에 대하여 쓰시오. [4점]

(1) 버너구이법(화염분사법) :

(2) 플래너마감법 :

(1) 버너구이법(화염분사법) : 버너 등으로 석재면을 달군 다음 찬물을 뿌려 급랭시켜서 표면을 거친 면으로 마무리하는 방법
(2) 플래너마감법 : 석재 표면을 기계로 갈아서 평탄하게 마무리하는 공법

05 인조석 바름의 구성재료를 기입하시오. [4점]

백시멘트, 돌가루(종석), 안료, 물

06 알루미늄 녹막이 초벌 사용이 가능한 도료를 쓰시오. [2점]

징크로메이트 도료

※ 철재 녹막이도료의 종류(5가지)
① 광명단
② 산화철녹막이
③ 알루미늄 도료
④ 아연분말 도료
⑤ 징크로메이트

07 조적공사 시 세로규준틀에 기입해야 할 사항을 쓰시오. [4점]

①

②

③

④

① 줄눈간격, 줄눈 표시
② 벽돌, 블록 등 쌓기 단수
③ 테두리보 위치
④ 창틀위치 및 규격

08 벽돌쌓기에 대한 내용이다. 괄호 안을 채우시오. [4점]

> 시멘트 벽돌의 규격은 190mm×90mm×(　①　)mm이다.
> 1.0B의 소요량은 (　②　)매/m²이다.

①　　　　　　　　　　　　　②

① 57
② 149

09 멜라민수지의 특징을 3가지 쓰시오. [3점]

①

②

③

① 투명, 흰색의 액상접착제로 값이 비싸기 때문에 단독사용은 드물다.
② 내수성, 내열성이 크다.
③ 주로 목재에 사용한다.
④ 페놀수지와는 달리 순백색 또는 투명, 흰색이므로 착색의 염려가 없다.

10 아스팔트타일 시공순서 5단계를 서술하시오. [2점]

바탕처리 – 타일 나누기 – 타일 붙이기 – 치장줄눈 – 보양

11 다음 석축쌓기의 공법에 대하여 서술하시오. [4점]

(1) 메쌓기(Dry Masonry) :

(2) 찰쌓기(Wet Masonry) :

(1) 메쌓기(Dry Masonry) : 돌의 맞댐면에 콘크리트, 모르타르를 쓰지 않고 작은 돌을 굄돌, 뒤채움돌로 채워 쌓는 방법이다.
(2) 찰쌓기(Wet Masonry) : 돌의 맞댐면에 모르타르를 깔고 뒷면에도 모르타르나 콘크리트를 넣어 쌓는 공법이다.

12 도배시공에 관한 내용이다. 초배지 1회 바름 시 필요한 도배면적을 구하시오(문과 창은 1개소). [4점]

| 보기 |

> • 바닥면적 4.5×6.0m　　　• 높이 2.6m
> • 문 크기 0.9×2.1m　　　• 창문 크기 1.5×3.6m

① 천장 = 4.5×6.0 = 27m²
② 벽면
 = {2(4.5+6.0)×2.6}
 　－{(0.9×2.1)+(1.5×3.6)}
 = (21×2.6)－(1.89+5.4)
 = 54.6－7.29
 = 47.31m²
③ 합계 = 27+47.31 = 74.31m²
초배지 1회 바름 정미면적 = 74.31m²

01 다음 유리에 대해 설명하시오. [3점]

• 로이(Low−e)유리

○ 가시광선(빛)은 투과시키고, 적외선(열선)은 방사하여 냉난방의 효율을 극대화해주는 특수유리이다[＝방사(복사)유리].

02 마루널에 사용되는 쪽매 3가지를 쓰시오. [3점]

① ② ③

○ ① 맞댄쪽매 ② 제혀쪽매 ③ 딴혀쪽매

03 다음은 타일 나누기 순서이다. 알맞게 나열하시오. [5점]

| 보기 |

┌─────────────────────────────────────┐
│ ① 보양 ② 청소 │
│ ③ 치장줄눈 ④ 타일 나누기 │
│ ⑤ 바탕처리 ⑥ 타일 붙이기 │
└─────────────────────────────────────┘

○ ⑤ 바탕처리−④ 타일 나누기−⑥ 타일 붙이기−③ 치장줄눈−① 보양−② 청소

04 표준형 벽돌 1.0B 벽돌 쌓기 시 벽돌량과 모르타르량을 구하시오(단, 벽길이 100m, 벽높이 3m, 개구부 1.8m×1.2m 10개, 줄눈 10mm, 정미량으로 산출). [3점]

○ • 벽면적
  $(100×3)−(1.8×1.2×10)$
  $=300−21.6=278.4m^2$
• 벽돌량(정미량)
  $278.4×149=41,481.6매(41,482매)$
• 모르타르량
  $\dfrac{41,482}{1,000}×0.33=13.69m^3$

05 조적조에서 테두리보를 설치하는 목적을 3가지 쓰시오. [3점]

①
②
③

○ ① 분산된 벽체를 일체로 하여 하중을 균등히 분포시킨다.
② 수직균열을 방지한다.
③ 세로철근을 장착한다(집중하중을 받는 부분을 보강).

06 석공사에 사용되는 손다듬기 방법을 4가지 쓰시오. [4점]

① ②
③ ④

○ ① 혹두기 ② 정다듬
③ 도드락다듬 ④ 잔다듬

07 다음은 금속공사에 사용되는 재료이다. 간략히 기술하시오. [4점]

(1) 미끄럼막이(Non Slip) :

(2) 익스팬션볼트(Expansion Bolt) :

(1) 미끄럼막이(Non Slip) : 계단 디딤판의 모서리 끝부분에 대어 오르내릴 때 미끄럼을 방지하고, 시각적으로 계단의 디딤위치를 유도해 준다.
(2) 익스팬션볼트(Expansion Bolt) : 확장볼트 또는 팽창볼트라고도 하며 콘크리트, 벽돌 등의 면에 띠장, 문틀 등의 다른 부재를 고정하기 위하여 설치하는 특수볼트이다.

08 도배지 보관 시 주의사항을 2가지 쓰시오. [2점]

①

②

① 도배지 평상시 보관온도는 5℃ 이상
② 도배 시공 전 72시간부터 시공 후 48시간이 경과할 때까지는 적정온도를 유지

09 목구조체의 횡력에 대한 변형, 이동 등을 방지하기 위한 대표적인 보강방법을 3가지 쓰시오. [3점]

①   ②   ③

① 가새   ② 버팀대   ③ 귀잡이보

10 다음은 유리재에 대한 설명이다. 괄호 안을 채우시오. [2점]

> 유리를 600℃로 고온 가열 후 급랭시킨 유리로 보통 유리의 충격강도보다 3~5배 정도 크고 200℃ 이상 고온에서도 형태유지가 가능한 유리를 (①   )유리라 하고, 파라핀을 바르고 철필로 무늬를 새긴 후 부식처리 한 유리를 (②   )유리라 한다.

①   ②

① 강화
② 부식

11 타일 붙이기 공법을 3가지 쓰시오. [5점]

①

②

③

① 떠붙임 공법
② 압착 공법
③ 개량압착 공법
그 외
④ 접착제붙임 공법

12 알루미늄창호 설치 시 주의사항을 2가지 쓰시오. [3점]

①

②

① 표면과 용접부는 철재보다 약하므로 시공상 정밀도를 높인다.
② 알칼리 성분에 약하므로 중성제를 도포하거나 격리재를 사용하여 설치한다.
그 외
③ 이질 금속재와 접속되면 부식되므로 조임못, 나사못은 동질의 것을 사용한다.

01 바닥 플라스틱재 타일 붙이기 시공순서를 〈보기〉에서 골라 나열하시오. [4점]

| 보기 |

① 타일 붙이기   ② 접착제 도포
③ 타일면 청소   ④ 타일면 왁스먹임
⑤ 콘크리트 바탕건조   ⑥ 콘크리트 바탕마무리
⑦ 프라이머 도포   ⑧ 먹줄치기

⊙ ⑥ 콘크리트 바탕마무리 － ⑤ 콘크리트 바탕건조 － ⑦ 프라이머 도포 － ⑧ 먹줄치기 － ② 접착제 도포 － ① 타일 붙이기 － ③ 타일면 청소 － ④ 타일면 왁스먹임

02 미장공사에서 회반죽으로 마감할 때 주의사항 2가지를 쓰시오. [4점]

①

②

⊙ ① 실내온도가 2℃ 이하일 때는 공사를 중단하거나, 임시로 난방을 하여 5℃ 이상으로 유지한다.
② 회반죽은 기경성이므로 통풍을 억제하고 강한 직사광선을 피한다.

03 다음 그림에 맞는 돌쌓기의 종류를 쓰시오. [4점]

(1)   (2)   (3)   (4)

⊙ (1) 막돌쌓기
(2) 마름돌쌓기
(3) 바른층쌓기
(4) 허튼층쌓기(허튼돌쌓기)

04 길이 100m, 높이 2m, 1.0B 벽돌벽의 벽돌량을 산출하시오(단, 벽돌규격은 표준형임). [3점]

⊙ 벽면적 : $100 \times 2 = 200m^2$
∴ 벽돌량 : $200 \times 149 = 29,800$(매/장)

05 경량기포콘크리트(ALC : Autoclaved Lightweight Concrete)에 대해 간략히 설명하시오. [3점]

⊙ ① 중량이 보통콘크리트의 1/4로 경량이다.
② 기포에 의한 단열성이 우수하여 단열재가 필요 없다.
③ 방음, 차음, 내화성능이 우수하다.
④ 정밀도가 높고 시공 후 변형이나 균열이 적다.

06 어느 건설공사의 한 작업이 정상적으로 시공할 때 공사기일이 10일, 공사비는 100,000원이고, 특급으로 시공할 때 공사기일은 7일, 공사비는 130,000원이라고 할 때 이 공사의 공기단축 시 필요한 비용구배(Cost Slope)를 구하시오. [3점]

⊙ 비용구배 $= \dfrac{130,000 - 100,000}{10 - 7}$
$= 10,000$원(일)

07 타일 붙이기 시공방법 중 개량압착공법에 대하여 설명하시오. [3점]

→ 평탄하게 만든 바탕 모르타르 위에 붙임 모르타르를 바르고, 타일 뒷면에도 붙임 모르타르를 얇게 발라 두드려 누르거나 비벼 넣으면서 붙이는 방법이다.

08 유리 제작 시 친환경적 요소를 고려한 재료 선정 시 주의사항 3가지를 쓰시오. [3점]

① ___

② ___

③ ___

→ ① 단열성능과 차폐기능이 높은 재료 선택
② 채광에 의한 에너지 절감 재료 선택
③ 외부의 충격이나 환경에 변화가 없는 재료 선정
④ 폐유리로 재활용이 가능한 재료 선정
※ 신규문제(친환경 건축물 인증제도 LEED 참고)

09 백화의 원인 1가지와 대책 2가지를 쓰시오. [4점]

(1) 원인

① ___

(2) 대책

① ___

② ___

→ (1) 원인
① 모르타르에 포함되어 있는 소석회가 공기 중의 탄산가스와 화학반응하여 발생한다.
그 외
② 벽돌 중에 있는 황산나트륨이 공기중의 탄산가스와 화학반응 하여 발생한다.
(2) 대책
① 소성이 잘된 양질의 벽돌과 모르타르를 사용한다.
② 줄눈에 방수제를 사용하여 밀실 시공한다.
그 외
③ 파라핀 도료를 발라 염류방출을 방지한다.
④ 벽면에 빗물이 침투하지 못하도록 비막이를 설치한다.

10 다음 목공사에 관한 설명에서 괄호 안에 알맞은 용어를 써 넣으시오. [3점]

(1) 목재를 크기에 따라 각 부재의 소요 길이로 잘라내는 것( )

(2) 구멍뚫기, 홈파기, 면접기 및 대패질 등으로 목재를 다듬는 일( )

(3) 마름질, 바심질을 하기 위해 먹줄 및 표시도구를 사용하여 가공형태를 도시화하는 것( )

→ (1) 마름질
(2) 바심질
(3) 먹매김

11 멤브레인(Membrane) 방수공법 2가지를 쓰시오. [2점]

① ___   ② ___

→ ① 아스팔트방수
② 시트방수
그 외
③ 도막방수

12 다음 용어에 대하여 설명하시오. [4점]

(1) 코너비드(Corner Bead) :

(2) 인서트(Insert) :

→ (1) 코너비드(Corner Bead) : 기둥, 벽 모서리 부분의 미장 바름을 보호하기 위한 철물이다.
(2) 인서트(Insert) : 콘크리트조 바닥판 밑에 반자틀 기타 구조물을 달아매고자 할 때 볼트 또는 달대의 걸침이 된다.

01 거푸집면 타일 먼저 붙이기 공법 2가지를 쓰시오. [4점]

① _____

② _____

○▷ ① 타일시트 공법
② 줄눈 채우기 공법
그 외
③ 고무줄눈 설치 공법

02 다음에서 설명하고 있는 석재를 〈보기〉에서 골라 쓰시오. [3점]

| 보기 |

| 화강암, 안산암, 사문암, 사암, 대리석, 화산암 |

(1) 강도는 높지만 내화성이 낮고 풍화되기 쉬우며 산에 약하기 때문에 실외용으로 적합하지 않다.(　　　)

(2) 수성암의 일종으로 함유광물의 성분에 따라 암석의 질, 내구성, 강도에 현저한 차이가 있다.(　　　)

(3) 강도, 경도, 비중이 크고, 내화력이 우수하여 구조용 석재로 쓰이지만 조직 및 색조가 균일하지 않고 석리가 있기 때문에 채석 및 가공이 용이하지만 대재를 얻기 어렵다.(　　　)

○▷ (1) 대리석
(2) 사암
(3) 안산암

03 다음 용어를 차이에 근거하여 설명하시오. [4점]

(1) 내력벽 :

(2) 장막벽 :

○▷ (1) 내력벽 : 벽체, 바닥, 지붕 등의 하중을 받아 기초에 전달하는 벽
(2) 장막벽 : 공간구분을 목적으로 상부 하중을 받지 않고 자체의 하중만 받는 벽

04 단열공법 중 주입단열공법과 붙임단열공법을 설명하시오. [2점]

(1) 주입단열공법 :

(2) 붙임단열공법 :

○▷ (1) 주입단열공법 : 단열이 필요한 곳에 단열공간을 만들고 주입구멍과 공기구멍을 뚫어 발포성 단열재를 주입·충전하는 방법
(2) 붙임단열공법 : 단열이 필요한 곳에 일정하게 성형된 단열재를 붙여서 단열성능을 발휘하도록 하는 방법

05 다음 용어를 설명하시오. [3점]

(1) 짠마루 :

(2) 막만든아치 :

(3) 거친아치 :

○▷ (1) 짠마루 : 간사이가 클 경우에 사용되며 큰보 위에 작은보, 그 위에 장선을 걸고 마루널을 깐 마루
(2) 막만든아치 : 보통 벽돌을 쐐기모양으로 다듬에 쌓은 아치
(3) 거친아치 : 현장에서 보통벽돌을 써서 줄눈을 쐐기모양으로 쌓은 아치

06 다음 용어를 설명하시오. [2점]

(1) 와이어메시 :

(2) 조이너 :

⊙ (1) 와이어메시 : 연강철선을 정방형, 장
방형으로 전기용접 하여 콘크리트 바
닥다짐의 보강용으로 사용한다.
(2) 조이너 : 천장, 벽 등의 이음새를 감추
기 위해 사용한다.

07 금속부식 방지법 3가지를 쓰시오. [3점]

①

②

③

⊙ ① 상이한 금속은 인접·접촉시키지 않
는다.
② 표면을 평활하고 깨끗한 건조상태로
유지한다.
③ 도료, 내식성이 큰 재료 또는 방청재
로 보호피막을 실시한다.

08 도장공사에서 본타일 붙이기를 1~5단계로 설명하시오. [5점]

≫ 참고

본타일 도장(Bone Tile)
• 뿜칠의 형태로 요철무늬를 만드는 수용성 도료이다.
• 중도제(백시멘트, 석분, 조개가루 혼합제)를 뿜칠하여 입체
모양(1~5mm)의 요철무늬가 있다.
• 입체감 및 질감이 있고 무공해 수성계(세라민계) 본타일 도
료로서 내수성, 내알칼리성, 내세척성, 작업성, 접착력 등이
우수하며 방음효과가 있다.

⊙ ① 바탕처리 : 바탕면의 양생, 수분, 요
철 등의 상태에 적합하게 처리한다.
② 하도 1회(초벌) : 바탕 처리 후 하도용
재료를 붓, 롤러, 건 등을 사용하여 도
장한다.
③ 중도 1회(재벌) : 무늬의 크기에 따라
노즐의 구경과 압력을 정하여 무늬용
본타일 재료를 분사하여 필요에 따라
표면누르기 및 연마를 시행한다.
④ 상도 1회(정벌 1회) : 중도 24시간 후
표면 마감재를 선정하여 주제와 경화
제를 섞어 붓, 롤러, 건으로 도장한다.
⑤ 상도 2회(정벌 2회) : 상도 1회 24시
간 경과 후 표면 마감재를 재도장한다.

09 $190 \times 90 \times 57$ 크기 표준형 벽돌로 $15m^2$를 2.0B 쌓기 시 벽돌량과
모르타르량을 계산하시오. [4점]

(1) 벽돌량 :

(2) 모르타르량 :

⊙ (1) 벽돌량 = 15×298 = 4,470매
(2) 모르타르량 = (4,470/1,000)×0.36
= 1.61m³
※ 표준형 벽돌 2.0B일 경우 단위면적수
량은 298매, 1,000매당 모르타르량
은 0.36m³이다.

10 타일의 동해방지 조치를 4가지 쓰시오. [4점]

①

②

③

④

⊙ ① 붙임용 모르타르 배합비를 정확히 준
수한다.
② 소성온도가 높은 양질의 타일을 사용
한다.
③ 타일은 흡수성이 낮은 것을 사용한다.
④ 줄눈 누름을 충분히 하여 빗물의 침투
를 방지한다.

11 다음은 공기단축의 공사계획이다. 비용구배가 가장 큰 작업순서대로 나열하시오. [3점]

구분	표준공기	표준비용	급속공기	급속비용
A	4	6,000	2	9,000
B	15	14,000	14	16,000
C	7	5,000	4	8,000

- $A = \dfrac{9,000 - 6,000}{4 - 2} = 1,500$원/일

- $B = \dfrac{16,000 - 14,000}{15 - 14} = 2,000$원/일

- $C = \dfrac{8,000 - 5,000}{7 - 4} = 1,000$원/일

∴ B−A−C

12 미장공사 중 셀프 레벨링(Self Leveling)재에 대해 설명하시오. [3점]

자체 유동성을 갖고 있는 특수 모르타르로 시공면 수평에 맞게 부으면 스스로 일매지는 성능을 가진 특수 미장재이다. 시공 후 통풍에 의해 물결무늬가 생기지 않도록 개구부를 밀폐하여 기류를 차단하고, 시공 전 · 중 · 후의 기온이 5℃ 이하가 되지 않도록 한다.

2018년 제2회 실내건축기사 시공실무

01 150mm×270mm×4,800mm 각재 1,000개의 체적(m³)을 구하시오. [3점]

0.15m×0.27m×4.8m×1,000(개) = 194.4m³

02 조적조에서 내력벽과 장막벽을 구분하여 기술하시오. [4점]

(1) 내력벽 :
(2) 장막벽 :

(1) 내력벽 : 벽체, 바닥, 지붕 등의 하중을 받아 기초에 전달하는 벽
(2) 장막벽 : 공간구분을 목적으로 상부 하중을 받지 않고 자체의 하중만 받는 벽

03 다음 인조석 표면마감방법 3가지를 설명하시오. [3점]

(1) 씻어내기 :
(2) 물갈기 :
(3) 잔다듬 :

(1) 씻어내기 : 외벽의 마무리에 사용되며, 솔로 2회 이상 씻어낸 후 물로 씻어 마감한다.
(2) 물갈기 : 인조석이 경화된 후 갈아내기를 반복하여 금강석 숫돌, 마감숫돌의 광내기로 마감한다.
(3) 잔다듬 : 인조석 바름이 경화된 후 정, 도드락망치, 날망치 등으로 두들겨 마감한다.

04 다음에서 설명하는 도료를 쓰시오. [3점]

(1) 안료, 건성유, 희석제, 건조제를 조합해서 만든 페인트이다. (   )
(2) 철재 등에 녹슬지 않게 도료를 칠한 것으로 철의 표면을 칠하고 그 위에 다시 페인팅을 한 것이다.(   )
(3) 천연수지와 휘발성 용제를 섞은 밑바탕이 보이는 투명한 도장재로 천연수지, 오일 합성수지 등이 있다.(   )

(1) 유성페인트
(2) 녹막이칠
(3) 바니시

05 다음 쪽매의 명칭을 써 넣으시오. [4점]

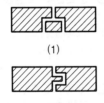
(1)

(2)

(3)

(4)

(1) 틈막이대쪽매
(2) 딴혀쪽매
(3) 제혀쪽매
(4) 반턱쪽매

06 다음은 도배공사에 있어서 온도의 유지에 관한 내용이다. 괄호 안에 알맞은 수치를 넣으시오. [4점]

도배 시의 평상시 보관온도는 (①)이어야 하고, 시공 전 (②)시간 전부터는 (③) 정도를 유지해야 하며, 시공 후 (④)시간까지는 (⑤) 이상의 온도를 유지하여야 한다.

○ ① 5℃
② 72
③ 5℃
④ 48
⑤ 16℃

07 다음 공사의 공기단축 시 필요한 비용구배(Cost Slope)를 구하시오. [3점]

| 조건 |

- A : 표준공기 3일, 표준비용 6,000원, 급속공기 2일, 급속비용 9,000원이다.
- B : 표준공기 15일, 표준비용 14,000원, 급속공기 14일, 급속비용 16,000원이다.
- C : 표준공기 7일, 표준비용 5,000원, 급속공기 4일, 급속비용 8,000원이다.

○ • $A = \dfrac{9,000-6,000}{3-2} = 3,000$원/일

• $B = \dfrac{16,000-14,000}{15-14} = 2,000$원/일

• $C = \dfrac{8,000-5,000}{7-4} = 1,000$원/일

08 벽돌 백화현상의 원인 1가지와 방지대책 2가지를 쓰시오. [3점]

(1) 원인 ①

(2) 대책 ①

②

○ (1) 원인
① 모르타르에 포함되어 있는 소석회가 공기 중의 탄산가스와 화학반응 하여 발생한다.
그 외
② 벽돌 중에 있는 황산나트륨이 공기 중의 탄산가스와 화학반응 하여 발생한다.
(2) 대책
① 소성이 잘된 양질의 벽돌과 모르타르를 사용한다.
② 파라핀 도료를 발라 염류방출을 방지한다.
그 외
③ 줄눈에 방수제를 사용하여 밀실 시공한다.

09 장식용 테라코타의 용도 3가지를 쓰시오. [3점]

①   ②   ③

○ ① 난간벽   ② 돌림띠   ③ 창대

10 다음은 석재 가공순서의 공정이다. 바르게 나열하시오. [4점]

| 보기 |

① 잔다듬	② 정다듬
③ 도드락다듬	④ 혹두기, 혹떼기
⑤ 갈기	

○ ④ 혹두기, 혹떼기 - ② 정다듬 - ③ 도드락다듬 - ① 잔다듬 - ⑤ 갈기

11 다음 〈보기〉의 합성수지 재료를 열가소성 수지와 열경화성 수지로 나
누어 분리하시오. [3점]

| 보기 |

① 아크릴수지	② 에폭시수지
③ 멜라민수지	④ 페놀수지
⑤ 폴리에틸렌수지	⑥ 염화비닐수지

(1) 열가소성 수지 :

(2) 열경화성 수지 :

(1) 열가소성 수지 : ①, ⑤, ⑥
(2) 열경화성 수지 : ②, ③, ④

12 아스팔트 프라이머(Asphalt Primer)에 대하여 설명하시오. [3점]

아스팔트를 휘발성 용제로 녹인 흑갈색 액상으로, 바탕 등에 칠하여 아스팔트 등의 접착력을 높이기 위한 도료로 쓰인다.

01 다음 벽돌공사의 용어를 간단히 설명하시오. [3점]

    (1) 내력벽 :

    (2) 장막벽 :

    (3) 중공벽 :

> ◉ (1) 내력벽 : 벽체, 바닥, 지붕 등의 하중을 받아 기초에 전달하는 벽
> (2) 장막벽 : 공간 구분을 목적으로 상부 하중을 받지 않고 자체의 하중만을 받는 벽, 칸막이벽
> (3) 중공벽 : 주로 외벽에 방음, 방습, 단열 등의 목적으로 벽체의 중간에 공간을 두어 이중으로 쌓는 벽

02 타일 나누기 작업 시 주의사항 3가지를 설명하시오. [3점]

    ①

    ②

    ③

> ◉ ① 가능한 한 온장을 사용할 수 있도록 계획한다.
> ② 벽과 바닥을 동시에 계획하여 가능한 한 줄눈을 맞추도록 한다.
> ③ 수전 및 매설물 위치를 파악한다.
> ④ 모서리 및 개구부 주위는 특수타일로 계획한다.
> ⑤ 바름두께를 감안하여 실측하고 작성한다.
> ⑥ 타일 규격과 줄눈을 포함한 값을 기준 규격으로 한다.

03 조적조에서 공간쌓기에 대하여 설명하시오. [3점]

> ◉ 방음, 방습, 단열을 목적으로 벽체의 공간을 띄워 쌓는 쌓기법으로, 5cm 정도의 공간을 확보(5~7cm 정도)하며, 연결(긴결)재는 수평 90cm, 수직 40cm 이하의 간격으로 아연도금철선 #8 또는 지름 6mm의 철근을 꺾쇠형으로 사용한다.

04 바닥면적 10m×20m, 크링커타일 180mm×180mm, 줄눈간격 10mm로 붙일 때 필요한 타일의 수량을 구하시오(단, 할증은 고려하지 않음). [4점]

> ◉ 타일량
> $$= \frac{10 \times 20}{(0.18+0.01) \times (0.18+0.01)}$$
> $$= \frac{200}{0.19 \times 0.19} = 5,540 매$$

05 멤브레인 방수공법 3가지를 쓰시오. [3점]

    ①

    ②

    ③

> ◉ ① 도막방수
> ② 시트방수
> ③ 아스팔트방수

06 다음은 벽돌쌓기에 관한 설명이다. 괄호 안에 알맞은 용어를 쓰시오. [2점]

(1) 한 켜는 마구리, 다음 한 켜는 길이쌓기로 하는 쌓기 방법(   )

(2) 한 켜 내에 마구리, 길이쌓기가 번갈아 나타나는 쌓기 방법(   )

(1) 영식 쌓기
(2) 불식 쌓기

07 각종 미장재료를 기경성 및 수경성 미장재료로 분류할 때 해당되는 재료명을 〈보기〉에서 골라 쓰시오. [4점]

| 보기 |

① 진흙   ② 순석고 플라스터
③ 회반죽   ④ 돌로마이트 플라스터
⑤ 킨즈 시멘트   ⑥ 인조석 바름
⑦ 시멘트 모르타르

(1) 기경성 미장재료 :

(2) 수경성 미장재료 :

(1) 기경성 미장재료 : ①, ③, ④
(2) 수경성 미장재료 : ②, ⑤, ⑥, ⑦

08 다음 공사의 공기단축 시 필요한 비용구배(Cost Slope)를 구하시오. [4점]

| 조건 |

• A : 표준공기 12일, 표준비용 8만 원, 급속공기 8일, 급속비용 15만 원
• B : 표준공기 10일, 표준비용 6만 원, 급속공기 6일, 급속비용 10만 원

• $A = \dfrac{150,000 - 80,000}{12 - 8}$

$= 17,500$원/일

• $B = \dfrac{100,000 - 60,000}{10 - 6}$

$= 10,000$원/일

09 다음 용어를 설명하시오. [4점]

(1) 훈연법 :

(2) 스티플칠 :

(1) 훈연법 : 목재의 인공건조법으로 짚이나 톱밥 등을 태운 연기를 건조실에 도입하여 건조하는 방법이다.
(2) 스티플칠 : 도료의 묽기를 이용하여 각종기구로 바름면에 요철 무늬를 돋치게 하여 입체감을 내는 특수 마무리법이다.

10 석재 백화현상의 발생원인을 3가지 쓰시오. [3점]

① _____

② _____

③ _____

>>> 참고

백화현상
- 벽체에 침투된 물이 모르타르 중 석회분과 결합한 후 증발되면서 발생
- 모르타르 속의 소석회가 공기 중의 탄산가스와 화학반응 하여 발생
- 벽돌 속의 황산나트륨이 공기 중의 탄산가스와 화학반응 하여 발생

⊙ ① 시공상 불량
② 재료 결합
③ 설계 미비

11 마루공사 시공순서를 〈보기〉에서 골라 나열하시오. [4점]

| 보기 |

① 바탕합판   ② 장선
③ 멍에   ④ 동바리
⑤ 마루널(상부합판)

⊙ ④ 동바리 – ③ 멍에 – ② 장선 – ① 바탕합판 – ⑤ 마루널(상부합판)

12 다음은 조적공사의 방습층에 대한 내용이다. 괄호 안을 채우시오. [3점]

(①)줄눈 아래에 방습층을 설치하여, 시방서가 없을 경우 현장에서 현장관리·감독하는 책임자에게 허락을 맡아 (②)를 혼합한 모르타르를 (③)로 바른다.

① _____

② _____

③ _____

⊙ ① 수평
② 액체방수제
③ 10mm

01 다음 평면도에서 쌍줄비계를 설치할 때 외부비계 면적을 산출하시오 (단, H = 25m). [3점]

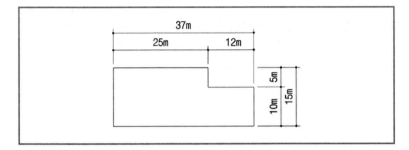

$A = H\{2(a+b)+0.9\times8\}$
$= 25\times\{2(37+15)+0.9\times8\}$
$= 25\times(104+7.2)$
$= 25\times111.2 = 2,780\text{m}^2$

02 목재 부재의 연결철물 종류를 4가지만 쓰시오. [4점]

①   ②

③   ④

① 못   ② 볼트
③ 띠쇠   ④ 꺾쇠

03 알루미늄창호를 철재창호와 비교할 때의 장점 3가지를 쓰시오. [3점]

①

②

③

① 비중이 철재의 1/3로 경량이다.
② 녹슬지 않고 사용연한이 길다.
③ 공작이 용이하다.

04 다음에서 설명하는 철물의 명칭을 쓰시오. [4점]

(1) 콘크리트조 바닥판 밑에 달대의 걸침이 되는 것으로 거푸집 바닥에 고정 시공함(   )

(2) 벽이나 기둥의 모서리를 보호하기 위하여 미장 바름할 때 붙임
(   )

(3) 계단의 미끄럼 방지를 위해 설치함(   )

(4) 천장, 벽 등의 이음새를 감추기 위해 사용함(   )

(1) 인서트
(2) 코너비드
(3) 논슬립
(4) 조이너

05 뿜칠(Spray) 공법에 의한 도장 시 주의사항 3가지를 쓰시오. [3점]

①

②

③

① 30cm 정도 띄워서 뿜칠한다.
② 1/3 정도씩 겹쳐서 뿜칠한다.
③ 끊김 없이 연속해서 뿜칠한다.

06 외부 바니시칠의 공정순서이다. 빈칸에 들어갈 공정을 쓰시오. [4점]

◐ ① 눈먹임 ② 연마지 닦기 ③ 정벌칠 ④ 왁스칠

바탕정리 → (①) → 초벌착색 → (②) → (③) → (④)

07 다음 〈보기〉의 재료를 수경성과 기경성으로 구분하여 쓰시오. [4점]

◐ (1) 기경성 : ①, ②, ④, ⑥, ⑦
(2) 수경성 : ③, ⑤

| 보기 |

① 회반죽 ② 진흙질
③ 순석고 플라스터 ④ 돌로마이트 플라스터
⑤ 시멘트 모르타르 ⑥ 아스팔트 모르타르
⑦ 소석회

(1) 기경성 :
(2) 수경성 :

08 종합적 품질관리(TQC) 도구의 종류를 4가지 나열하시오. [4점]

◐ ① 히스토그램 ② 특성요인도
③ 파레토도 ④ 체크시트

①
②
③
④

09 폴리퍼티(Poly Putty)에 대하여 설명하시오. [3점]

◐ 불포화 폴리에스테르 퍼티로 건조가 빠르고, 시공성 · 후도막성이 우수하며, 기포가 거의 없어 작업공정을 크게 줄일 수 있는 경량퍼티이다. 특히, 후도막성이 우수하여 금속표면 도장 시 바탕 퍼티작업에 주로 사용된다.

10 다음은 시트 방수 공법이다. 순서에 맞게 나열하시오. [3점]

◐ ⑤ 바탕처리 → ② 프라이머칠 → ① 접착제칠 → ④ 시트 붙이기 → ③ 마무리

| 보기 |

① 접착제칠 ② 프라이머칠
③ 마무리 ④ 시트 붙이기
⑤ 바탕처리

11 다음 공정표를 작성하시오. [3점]

작업명	A	B	C	D	E	F
선행작업	None	None	None	None	A, B	B
작업일수	5	4	3	8	3	2

(1) 선행작업표 분석

작업명	선행작업	후속작업	작업일수
A	없음	E	5
B	없음	E, F	4
C	없음	없음	3
D	없음	없음	8
E	A, B	없음	3
F	B	없음	2

(2) 공정표 작성

①

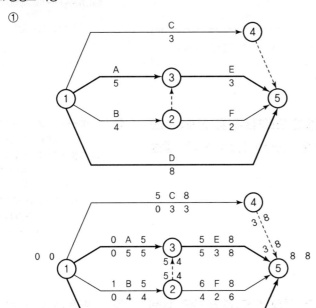

②

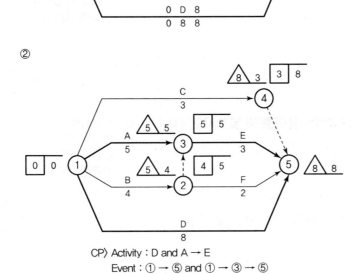

CP〉 Activity : D and A → E
Event : ① → ⑤ and ① → ③ → ⑤

01 테라초(Terazzo) 현장갈기 시공순서를 〈보기〉에서 골라 쓰시오. [4점]

| 보기 |

① 왁스칠   ② 시멘트 풀먹임

③ 양생 및 경화   ④ 초벌갈기

⑤ 정벌갈기   ⑥ 테라초 종석 바름

⑦ 황동줄눈대 대기

⊙ ⑦ 황동줄눈대 대기 → ⑥ 테라초 종석 바름→ ③ 양생 및 경화→ ④ 초벌갈기→ ② 시멘트 풀먹임 → ⑤ 정벌갈기 → ① 왁스칠

02 다음 〈보기〉에서 품질관리(QC)에 의한 검사순서를 나열하시오. [4점]

| 보기 |

① 검토(Check)   ② 실시(Do)   ③ 시정(Action)   ④ 계획(Plan)

⊙ ④ 계획(Plan) → ② 실시(Do) → ① 검토(Check) → ③ 시정(Action)

03 표준형 벽돌 1.0B 벽돌 쌓기 시 벽돌량과 모르타르량을 산출하시오 (단, 벽길이 100m, 벽높이 3m, 개구부 1.8m×1.2m 10개, 줄눈 10mm, 정미량으로 산출). [3점]

(1) 벽면적 :

(2) 정미량 :

(3) 모르타르량 :

⊙ (1) 벽면적=(100×3)−(1.8×1.2×10)
        =300−21.6=278.4m²
(2) 벽돌량(정미량)=278.4×149
           =41,481.6매
           =41,482매
(3) 모르타르량=41,482÷1,000×0.33
        =13.68906m³
        =13.69m³

04 알루미늄창호를 철재창호와 비교할 때의 장점 3가지를 쓰시오. [3점]

①

②

③

⊙ ① 비중이 철재의 1/3로 경량이다.
② 녹슬지 않고, 사용연한이 길다.
③ 공작이 용이하다.

05 벽돌의 쌓기법에 대한 설명이다. 해당하는 용어를 써 넣으시오. [4점]

(1) 한 켜는 마구리쌓기, 다음 켜는 길이쌓기로 하고, 마구리쌓기 층의 모서리에 이오토막을 사용한다.(   )

(2) 길이쌓기 5단, 마구리쌓기 1단을 번갈아 쌓는다.(   )

(3) 매 켜에 길이쌓기와 마구리쌓기가 번갈아 나오게 쌓는 방식이다. (   )

(4) 영식 쌓기와 같으나, 길이층 모서리에 칠오토막을 사용하는 가장 일반적인 방법이다.(   )

⊙ (1) 영식 쌓기
(2) 미식 쌓기
(3) 불식 쌓기
(4) 화란식 쌓기

06 어느 인테리어 공사의 한 작업이 정상적으로 시공할 때 공사기일은 10일, 공사비는 10,000,000원이고, 특급으로 시공할 때 공사기일은 6일, 공사비는 14,000,000원이라 할 때 이 공사의 공기단축 시 필요한 비용구배(Cost Slope)를 구하시오. [3점]

$$비용구배 = \frac{14,000,000 - 10,000,000}{10 - 6}$$

$$= \frac{4,000,000}{4}$$

$$= 1,000,000원/일$$

07 건축공사에서 사용되는 재료의 소요량은 손실량을 고려하여 할증률을 사용하고 있는데 재료의 할증률이 다음에 해당되는 것을 〈보기〉에서 모두 골라 (   ) 안에 번호로 써넣으시오. [2점]

| 보기 |

① 타일	② 붉은 벽돌
③ 원형철근	④ 이형철근
⑤ 시멘트 벽돌	

(1) 3% 할증률 : (   )
(2) 5% 할증률 : (   )

(1) 3% 할증률 : ①, ②, ④
(2) 5% 할증률 : ③, ⑤

08 금속재의 도장 시 사전 바탕처리방법 중 화학적 방법을 3가지 쓰시오. [3점]

①

②

③

① 탈지법 ② 세정법 ③ 피막법

09 다음은 특수미장 공법이다. 설명하는 내용의 공법을 쓰시오. [2점]

(1) 시멘트, 모래, 잔자갈, 안료 등을 반죽하여 바탕 바름이 마르기 전에 뿌려 바르는 거친 벽 마무리로 일종의 인조석 바름이다.(   )

(2) 돌로마이트에 화강석 부스러기, 색모래, 안료 등을 섞어 정벌 바름하고 충분히 굳지 않은 상태에서 표면을 거친 솔, 얼레빗 같은 것으로 긁어 거친 면으로 마무리한 것(   )

(1) 러프코트(Rough Coat)
(2) 리신 바름(Lithin Coat)

10 다음은 방수공법에 대한 설명이다. 알맞은 것끼리 서로 연결하시오. [4점]

| 보기 |

① 시트방수   ② 도막방수
③ 시멘트액체방수   ④ 아스팔트방수

(1) 시공비가 고가이며, 보호누름이 필요하다.(   )

(2) 시공이 간소하고 저렴하며, 결함부 발견이 용이하다.(   )

(3) 바탕면에 여러 번 발라 도막을 형성한다.(   )

(4) 신축과 내후성이 좋고, 보호누름이 필요하며, 결함부 발견이 어렵다.(   )

○ (1) ④   (2) ③
(3) ②   (4) ①

11 유리의 열파손에 대한 이유와 특징을 설명하시오. [4점]

(1) 열파손 이유 :

(2) 열파손 특징 :

○ (1) 열파손 이유 : 태양광에 의해 열을 받게 되면 유리의 중앙부는 팽창하는 반면 단부는 인장응력과 수축상태를 유지하기 때문에 파손이 발생한다.
(2) 열파손 특징 : 주로 열흡수가 많은 색유리에 많이 발생하며, 실내, 실외의 온도차가 급격한 동절기에 많이 발생한다.

12 내부 바닥 타일이 가져야 할 성질 4가지를 쓰시오. [4점]

①

②

③

④

○ ① 강하고, 내구성이 강할 것
② 재료의 흡수성이 작을 것
③ 표면이 미끄럽지 않을 것
④ 내마모성이 좋고, 충격에 강할 것

01 타일의 박락을 방지하기 위해 시공 중 검사와 시공 후 검사가 있는데, 시공 후 검사 2가지를 쓰시오. [2점]

①

②

> ① 주입시험검사
> ② 인장시험검사

02 다음은 수성페인트를 바르는 순서이다. 바르게 나열하시오. [3점]

| 보기 |

> ① 페이퍼 문지름(연마지 닦기)   ② 초벌
> ③ 정벌   ④ 바탕누름
> ⑤ 바탕 만들기

> ⑤ 바탕 만들기 → ④ 바탕누름 → ② 초벌 → ① 페이퍼 문지름(연마지 닦기) → ③ 정벌

03 다음 철물의 사용목적 및 위치를 쓰시오. [3점]

• 코너비드

> 기둥, 벽, 모서리 부분의 미장 바름을 보호하기 위한 철물로 시공면의 각진 모서리에 대어 시공한다.

04 다음 〈보기〉의 합성수지 재료 중 열경화성 수지를 모두 골라 번호를 쓰시오. [4점]

| 보기 |

> ① 아크릴수지   ② 에폭시수지
> ③ 멜라민수지   ④ 페놀수지
> ⑤ 폴리에틸렌수지   ⑥ 염화비닐수지
> ⑦ 요소수지

> ② 에폭시수지, ③ 멜라민수지, ④ 페놀수지, ⑦ 요소수지

05 목재건조법 중 인공건조법 3가지를 쓰시오. [3점]

①

②

③

> ① 증기법
> ② 열기법
> ③ 진공법

06 벽돌조 건물에서 시공상 결함에 의해 생기는 균열원인 3가지를 쓰시오. [3점]

①

②

③

07 다음은 비계공사에 사용되는 비계의 종류이다. 간단히 기술하시오. [4점]

(1) 달비계 :

(2) 수평비계 :

08 다음은 미장공사에 대한 용어이다. 간략히 기술하시오. [4점]

(1) 바탕처리 :

(2) 덧먹임 :

09 다음 (   ) 안에 알맞은 용어를 써넣으시오. [3점]

재의 길이방향으로 두 재를 길게 접합하는 것 또는 그 자리를 (①)(이)라고 하며, 재와 서로 직각으로 접합하는 것 또는 그 자리를 (②)(이)라고 한다. 또한 재를 섬유방향에 평행으로 옆대어 넓게 붙이는 것을 (③)(이)라고 한다.

10 금속재의 도장 시 사전 바탕처리방법 중 다음 화학적 방법을 설명하시오. [3점]

(1) 탈지법 :

(2) 세정법 :

(3) 피막법 :

11 다음 도면을 보고 목재량을 각각 산출하시오(단, 마루판 높이는 지면에서 60cm). [4점]

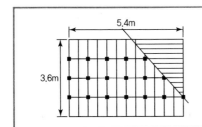

(1) 동바리 : 90cm×90cm
(2) 멍에 : 90cm×90cm
(3) 장선 : 45cm×45cm
(4) 마루널 : THK. 24mm

◉ (1) 동바리 : 0.9m×0.9m×0.6m×21개
= 10.206m³
(2) 멍에 : 0.9m×0.9m×5.4m×5개
= 21.87m³
(3) 장선 : 0.45m×0.45m×3.6m×13개
= 9.48m³
(4) 마루널 : 5.4m×3.6m×0.024m
= 0.47m³

12 다음 자료를 이용하여 네트워크(Network) 공정표를 작성하시오(단, 주공정선은 굵은 선으로 표시한다). [4점]

작업명	작업일수	선행작업	비고
A	4	−	각 작업의 일정계산 표시방법은 아래 방법으로 한다.
B	2	−	
C	3	−	
D	2	A, B	
E	4	A, B, C	
F	3	A, C	

◉ 공정표

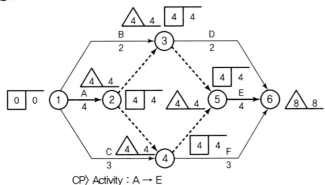

CP〉 Activity : A → E
Event : ① → ② → ③ → ⑤ → ⑥
① → ② → ④ → ⑤ → ⑥

콕집
160제

001 다음에서 설명하는 단열재를 쓰시오.

(1) 사문석과 각섬석을 이용하여 만들고, 실끈, 지포 등으로 제작하여 시멘트와 혼합한 후 판재 또는 관재를 만든다.(   )

(2) 현무암과 안산암등을 이용하여 만들고, 접착제를 혼합, 성형하여 판 또는 원통으로 만들어 표면에 아스팔트펠트 등을 붙여 사용한다.
(   )

⊙ ① 석면
② 암면

002 다음 〈보기〉는 단관파이프비계의 설치순서이다. 순서대로 나열하시오.

| 보기 |

① BASE PLATE 설치	② 비계기둥
③ 장선	④ 바닥 고르기 및 다지기
⑤ 현장 반입	⑥ 띠장

⊙ ⑤ 현장 반입 – ④ 바닥 고르기 및 다지기 – ① BASE PLATE 설치 – ② 비계기둥 – ⑥ 띠장 – ③ 장선

003 다음에서 설명하는 벽돌 쌓기법을 쓰시오.

(1) 마구리쌓기와 길이쌓기를 번갈아 하며, 이오토막과 반절을 이용하여 쌓는 법 – (   )

(2) 마구리쌓기를 1단, 길이쌓기를 5단으로 쌓는 법 – (   )

(3) 한 켜에 마구리쌓기와 길이쌓기를 동시에 하는 쌓기법 – (   )

(4) 마구리쌓기와 길이쌓기를 번갈아 하며, 칠오토막을 이용하는 가장 일반적인 쌓기법 – (   )

⊙ ① 영식 쌓기
② 미식 쌓기
③ 불식 쌓기
④ 화란식 쌓기

004 벽돌공사에서 공간쌓기의 효과 3가지를 쓰시오.

①
②
③

⊙ ① 방음
② 방습
③ 단열, 결로 방지

005 돌을 붙일 때 줄눈의 종류 5가지를 쓰시오.

①
②
③
④
⑤

⊙ ① 평줄눈
② 민줄눈
③ 내민줄눈
④ 빗줄눈
⑤ 실줄눈
※ 기타 줄눈 모두 허용

006 모접기의 종류 3가지를 쓰시오.

①

②

③

① 실모
② 둥근모
③ 쌍사모
※ 기타 모접기 모두 허용

007 타일의 선정 및 선별하는 과정에서 타일의 용도상 종류를 구별하여 3가지를 쓰시오.

①

②

③

① 외부벽용 타일
② 내부벽용 타일
③ 내부바닥용 타일
그 외
④ 외부바닥용 타일

008 다음 실내면의 미장 시공순서를 기입하시오.

실내 3면의 시공순서는 (　　　)－(　　　)－(　　　)의 순으로 공사한다.

천장－벽－바닥

009 다음은 도장 공사에서 칠 공법에 대한 설명이다. 해당하는 칠 공법을 쓰시오.

(1) 천장, 벽면처럼 평활하고 넓은 면을 칠할 때 유리하며, 작업시간이 타 공법에 비해 간소하다.(　　　)

(2) 가장 일반적인 공법이며 건조가 빠른 래커 등에는 부적당하다.
(　　　)

(3) 면이 고르고 광택을 낼 때 쓰인다.(　　　)

(4) 초기건조가 빠른 래커 등에 유리하며, 기타 여러 가지 칠에도 많이 이용된다.(　　　)

(1) 롤러칠
(2) 솔칠(브러시칠)
(3) 문지름칠
(4) 뿜칠(스프레이칠)

010 다음 각 재료의 할증률을 쓰시오.

(1) 각재(　　) 　　(2) 수장재(　　)

(3) 붉은 벽돌(　　) 　　(4) 바닥타일(　　)

(5) 시멘트 벽돌(　　) 　　(6) 단열재(　　)

(1) 5%
(2) 5%
(3) 3%
(4) 3%
(5) 5%
(6) 10%

011 다음 설명에 알맞은 용어를 쓰시오.

(1) 계단의 한 디딤단 너비(　　　)

(2) 계단 한 단의 높이(　　　)

(3) 계단을 오르내릴 때 발걸음을 쉬거나 또는 돌아 올라가는 조금 넓게 된 계단의 한 부분(　　　)

(4) 건물 내에서 계단이 점유하는 공간(　　　)

(1) 단 너비
(2) 단 높이
(3) 계단참
(4) 계단실

012 재료에 대한 비계의 종류를 나열하시오.

①   ②   ③

① 통나무비계
② 파이프비계
③ 달비계

013 단관파이프비계 설치 시 필요한 부속철물을 3가지만 쓰시오.

①   ②   ③

① 연결철물
② 결속철물
③ 받침철물

014 다음 용어를 간단히 설명하시오.

(1) 내력벽 :

(2) 장막벽 :

(3) 중공벽 :

(1) 내력벽 : 벽체, 바닥, 지붕 등의 하중을 받아 기초에 전달하는 벽이다.
(2) 장막벽 : 공간 구분을 목적으로 상부 하중을 받지 않고, 자체의 하중만 받는 벽이다.
(3) 중공벽 : 외벽에 단열, 방습, 방음 등의 목적으로 벽체의 중간에 공간을 두어 이중으로 쌓는 벽이다.

015 건축시공의 현대화 방안에 있어서 건축생산의 3S System을 쓰시오.

①
②
③

① Simplification(단순화)
② Standardization(규격화)
③ Specialization(전문화)

016 다음은 벽돌 쌓기법에 대한 설명이다. 괄호 안을 채우시오.

(1) 영식 쌓기는 한 켜 (   )쌓기, 다음 켜는 길이쌓기로 하며, 마구리 쌓기 층의 모서리에 (   )을 사용하는 쌓기법

(2) (   ) 쌓기는 영식 쌓기와 같으나, 길이층 모서리에 (   )을 사용하는 방식

(3) 불식 쌓기는 매 켜에 (   )쌓기와 (   )쌓기가 번갈아 나오게 쌓는 방식

(4) 미식 쌓기는 (   )켜 정도를 길이쌓기로 하고 (   )켜를 마무리쌓기로 하여 번갈아 쌓는 방식

(1) 마구리, 이오토막
(2) 화란식, 칠오토막
(3) 길이, 마구리
(4) 5, 1

017 목재의 결함 4가지를 열거하시오.

①   ②
③   ④

① 옹이   ② 갈라짐(갈램)
③ 껍질박이   ④ 송진구멍
그 외
⑤ 삭정이(썩음)

018 다음의 빈칸을 채우시오.

> 목조양식 구조는 (①) 위에 지붕틀을 얹고, 지붕틀의 (②)
> 위에 깔도리와 같은 방향으로 (③)를 깐다.

⊙ ① 깔도리   ② 평보   ③ 처마도리

019 다음은 공사비의 분류이다. 괄호 안을 채우시오.

공사비 ┬ 공사원가 ┬ 순공사비 ┬ 직접공사비
　　　 │　　　　 │ (②) └ (③)
　　　 ├ (①) └
　　　 └ (　　④　　)

⊙ ① 부가이윤
② 현장경비
③ 간접공사비
④ 일반관리부담금

020 ALC(Autoclaved Lightweight Concrete, **경량기포콘크리트**)의 장점 3가지를 쓰시오.

①

②

③

⊙ ① 중량이 보통콘크리트의 1/4로 경량이다.
② 기포에 의한 단열성이 우수하여 단열재가 필요 없다.
③ 방음, 차음, 내화성능이 우수하다.
그 외
④ 사용 후 변형이나 균열이 적다.

021 다음 〈보기〉는 비계의 설치 순서이다. 순서대로 나열하시오.

| 보기 |

① 띠장	② 가새 및 버팀대
③ 장선	④ 비계기둥
⑤ 현장 반입	⑥ 발판

⊙ ⑤ 현장 반입 - ④ 비계기둥 - ① 띠장 -
② 가새 및 버팀대 - ③ 장선 - ⑥ 발판

022 연귀맞춤의 종류 4가지를 쓰시오.

①

②

③

④

⊙ ① 연귀
② 반연귀
③ 안촉연귀
④ 밖촉연귀

023 목재건조법 중 인공건조법 3가지를 쓰시오.

①

②

③

⊙ ① 증기법
② 열기법
③ 진공법
그 외
④ 훈연법

024 다음 용어에 대해 간단히 설명하시오.

(1) 징두리판벽 :

(2) 양판 :

(3) 코펜하겐 리브 :

(1) 징두리판벽 : 벽의 하부에서 1.2m 높이의 징두리에 판자를 붙인 벽이다.
(2) 양판 : 넓고 길지 않은 한쪽으로 된 널판. 양판 벽으로 걸레받이와 두겁대 사이에 틀을 짜대고 그 사이에 끼우는 넓은 널이다.
(3) 코펜하겐 리브 : 두꺼운 판 표면에 자유곡면을 파내서 수직평행선이 되게 리브를 만든 목재가공품으로, 음향조절효과가 있다.

025 다음 ( ) 안에 알맞은 말을 넣으시오.

미장 바르기 순서는 (①)에서 (②)(으)로 하고, 벽타일 붙이기 순서는 (③)에서 (④)(으)로 한다.

① 위 ② 밑 ③ 밑 ④ 위

026 미장재료에서 석회질과 석고질의 성질을 각각 2가지씩 쓰시오.

(1) 석회질 : ①   ②
(2) 석고질 : ①   ②

(1) 석회질 : ① 기경성이다.
　　　　　② 수축성이다.
(2) 석고질 : ① 수경성이다.
　　　　　② 팽창성이다.

027 강관비계가 통나무비계에 비교해 갖는 장점 3가지를 쓰시오.

①
②
③

① 조립 및 해체가 용이하다.
② 사용연한이 길다.
③ 화재의 염려가 없다.

028 다음 재료를 할증률이 작은 것부터 나열하시오.

| 보기 |

① 시멘트 벽돌	② 타일
③ 원석	④ 단열재
⑤ 유리	

⑤ 유리 – ② 타일 – ① 시멘트 벽돌 – ④ 단열재 – ③ 원석

029 다음의 ( )에 알맞은 말을 써 넣으시오.

네트워크에서 공기를 둘로 나누어 생각할 수 있는데, 그 하나는 미리 건축주로부터 결정된 공기로서 이것을 (①)(이)라 하고, 다른 하나는 일정을 진행방향으로 산출하여 구한 (②)인데, 이러한 두 공사기간의 차이를 없애는 작업을 (③)(이)라 한다.

① 지정공기
② 계산공기
③ 공기조정

030 다음 용어를 간단히 설명하시오.

    (1) 프리팩트콘크리트 :

    (2) 슈링크믹스트콘크리트 :

○ (1) 프리팩트콘크리트 : 굵은 골재를 거푸집에 넣고 그 사이에 특수 모르타르를 적당히 압력으로 주입한 콘크리트이다.
(2) 슈링크믹스트콘크리트 : 고정믹스로 어느 정도 비빈 것을 운반 도중 트럭믹서에서 완전히 혼합하는 레미콘 시공방식의 콘크리트이다.

031 다음 (　) 안의 물음에 해당하는 답을 쓰시오.

    (1) 가설공사 중에서 강관비계기둥의 간격은 (　　　)m이고, 간사이 방향으로는 (　　　)m로 한다.

    (2) 가새의 수평간격은 (　　　)m 내외로 하고, 각도는 (　　　)로 걸쳐대고 비계기둥에 결속한다.

    (3) 띠장의 간격은 (　　　)m 내외로 하고, 지상 제1띠장은 지상에서 (　　　)m 이하의 위치에 설치한다.

○ (1) 1.5~1.8, 0.9~1.5
(2) 15, 45도
(3) 1.5, 2

032 건축생산에서 관리의 3대 목표를 쓰시오.

    ①

    ②

    ③

○ ① 원가관리
② 공정관리
③ 품질관리

033 블록쌓기 시공도에 기입하여야 할 사항을 5가지만 쓰시오.

    ①

    ②

    ③

    ④

    ⑤

○ ① 블록의 종류
② 블록 나누기
③ 마감치수
④ 쌓기 단수 및 줄눈표시
⑤ 창문틀의 위치

034 ALC 블록의 장점 3가지를 쓰시오.

    ①

    ②

    ③

○ ① 방음, 차음, 단열, 내화성능이 우수하다.
② 평활성이 우수하며, 경량이다.
③ 사용 후 변형이나 균열이 적다.

035 다음은 목공사에 관한 설명이다. 맞는 용어를 쓰시오.

(1) 구멍 뚫기, 홈파기, 면접기 및 대패질 등으로 목재를 다듬는 일
(   )

(2) 목재를 크기에 따라 각부재의 소요길이로 잘라 내는 것(   )

(3) 울거미재나 판재를 틀짜기나 상자짜기 할 때 끝부분을 각 45도로 깎고 이것을 맞대어 접하는 것(   )

● (1) 바심질
(2) 마름질
(3) 연귀맞춤

036 바닥에 줄눈을 대는 이유 2가지를 쓰시오.

①

②

● ① 재료의 수축, 팽창변화에 대처한다.
② 재료의 균열을 막아 주변재료의 연속 파손 및 재질변화를 방지한다.

037 셔터 시공 시 설치 부품명 5가지를 쓰시오.

①   ②   ③   ④   ⑤

● ① 핸들박스   ② 가드레일
③ 셔트케이스   ④ 로프홈통
⑤ 슬랫

038 다음 타일 시공순서에서 (   ) 안에 알맞은 내용을 쓰시오.

바탕처리 – (   ) – 타일 붙이기 – (   ) – 보양

● 바탕처리 – (타일 나누기) – 타일 붙이기 – (치장줄눈) – 보양

039 석축쌓기의 공법에 대하여 서술하시오.

(1) 메쌓기(Dry Masonry) :

(2) 찰쌓기(Wet Masonry) :

● (1) 메쌓기(Dry Masonry) : 돌의 맞댐면에 콘크리트나 모르타르를 쓰지 않고 작은 돌을 굄돌, 뒤채움돌로 채워 넣어 쌓는 방법이다.
(2) 찰쌓기(Wet Masonry) : 돌의 맞댐면에 모르타르를 깔고 뒷면에도 모르타르나 콘크리트를 채워 쌓는 공법이다.

040 다음 석재의 표면 마무리공법에 대하여 서술하시오.

(1) 버너구이법(화염분사법) :

(2) 플래너마감법 :

● (1) 버너구이법(화염분사법) : 버너 등으로 석재면을 달군 다음 찬물을 뿌려 급랭시켜 표면을 거친 면으로 마무리하는 공법이다.
(2) 플래너마감법 : 석재표면을 기계로 갈아서 평탄하게 마무리하는 공법이다.

041 다음 괄호 안에 알맞은 용어를 쓰시오.

(1) 화살선으로 표현할 수 없는 작업의 상호관계를 표시하는 화살표
(   )

(2) 공기 1일을 단축하는 데 필요한 증가비용(   )

● (1) 더미(Dummy)
(2) 비용구배

042 타일 붙이기 시공방법 중 개량압착공법에 대하여 서술하시오.

○ 평탄한 바탕모르타르 위에 붙임모르타르를 바르고, 타일 뒷면에 붙임모르타르를 얇게 발라 두드려 누르거나 비벼 넣으면서 붙이는 공법이다.

043 석재 건식 방법의 종류를 2가지 쓰시오.

①

②

○ ① 본드공법 : 규격재의 석재에 에폭시 본드 등을 붙여서 마감하는 공법이다.
② 앵커긴결공법 : 건물 구조체에 단위 석재를 앵커와 파스너에 의해 독립적으로 설치하는 공법으로 앵커체가 단위재를 지지하기 때문에 상부하중이 하부로 전달되지 않는다.
그 외
③ 강재트러스 지지공법

044 내화벽돌의 SK의 의미를 쓰시오.

○ • SK는 소성온도이며 제게르 추로 측정한다.
• SK26~SK34로 표시한다.
※ 내화도는 온도뿐 아니라 가열시간, 열원의 용량 등에도 관계한다.

045 다음을 할증률이 큰 순서대로 나열하시오.

| 보기 |

① 유리   ② 도료   ③ 테라코타   ④ 시멘트 벽돌

○ ④ 시멘트 벽돌(5%) – ③ 테라코타(3%) – ② 도료(2%) – ① 유리(1%)

046 다음 용어를 간략히 설명하시오.

(1) 본아치 :

(2) 막만든아치 :

(3) 층두리아치 :

○ (1) 본아치 : 아치 벽돌을 공장에서 특별히 주문 제작한 벽돌로 쌓은 아치
(2) 막만든아치 : 보통벽돌을 쐐기모양으로 다듬어 쌓는 아치
(3) 층두리아치 : 아치너비가 넓은 경우에 반 장 정도 층을 지어 겹쳐 쌓는 아치

047 다음에서 설명하는 Network 공정표에 관련된 용어를 쓰시오.

(1) 작업을 개시할 수 있는 가장 빠른 시일(   )
(2) 최초의 개시 결합점에서 최종 완료 결합점까지 이르는 최장 경로
(   )
(3) 작업을 가장 빠른 개시일에 시작하고, 후속하는 작업도 가장 빠른 개시일에 시작하고도 남게 되는 여유시일(   )

○ (1) EST
(2) CP
(3) FF

048 다음 용어에 대하여 설명하시오.

(1) 훈연법 :

(2) 스티플칠 :

(1) 훈연법 : 목재의 인공건조법으로 짚이나 톱밥 등을 태운 연기를 건조실에 도입하여 건조하는 방법
(2) 스티플칠 : 도료의 묽기를 이용하여 각종기구로 바름면에 요철 무늬를 돋치게 하여 입체감을 내는 특수 마무리법

049 다음 〈보기〉 중에서 열가소성 수지를 고르시오.

| 보기 |

① 아크릴	② 염화비닐
③ 폴리에틸렌	④ 멜라민
⑤ 페놀	⑥ 에폭시
⑦ 스티롤	

① 아크릴, ② 염화비닐, ③ 폴리에틸렌, ⑦ 스티롤

050 다음과 관계있는 것을 〈보기〉에서 고르시오.

| 보기 |

① 벤틸레이터   ② 필름코러스   ③ 에폭시

(1) 지붕재료(   )
(2) 공기조절(   )
(3) 바닥 바름(   )

(1) ②   (2) ①   (3) ③

051 타일 나누기 시 고려사항 4가지를 서술하시오.

①
②
③
④

① 가능한 한 온장을 사용할 수 있도록 계획한다.
② 벽과 바닥을 동시에 계획하여 가능한 한 줄눈을 맞추도록 한다.
③ 수전 및 매설물 위치를 파악한다.
④ 모서리 및 개구부 주위는 특수타일로 계획한다.

052 〈보기〉의 재료를 기경성과 수경성으로 구분하여 쓰시오.

| 보기 |

① 회반죽	② 진흙질
③ 순석고 플라스터	④ 돌로마이트 플라스터
⑤ 시멘트 모르타르	⑥ 아스팔트 모르타르
⑦ 소석회	

(1) 기경성 :
(2) 수경성 :

(1) 기경성 : ①, ②, ④, ⑥, ⑦
(2) 수경성 : ③, ⑤

※ 기경성과 수경성
 ① 기경성 : 석회질, 진흙질
 ② 수경성 : 석고질, 시멘트질

053 백화현상의 원인 3가지를 쓰시오.

①

②

③

054 다음 괄호 안을 채우시오.

(1) 황동은 구리＋(   )으로 이루어지며, 강도 및 (   )이 강하다.

(2) 청동은 구리＋(   )으로 이루어지며, (   )이 강하다.

055 마루공사 시공순서를 나열하시오.

동바리돌－(   )－멍에－(   )－합판－(   )

056 다음 설명하는 유리재료들은 안전을 목적으로 한다. 해당 유리재료명을 쓰시오.

(1) 방도용 또는 화재, 기타 파손이 산란하는 위험을 방지하는 데 쓰인다.(   )

(2) 성형 판유리를 500~600℃로 가열하고 압착한 유리로 열처리 후에는 가공이 불가능하다.(   )

(3) 물질의 노화와 변색을 방지하기 위하여 사용되는 것으로 의류진열장, 박물관, 진열장 등에 쓰인다.(   )

057 건축시공 계약방식 중 다음이 설명하는 내용이 무엇인가?

> 계약자가 건축주에게 계획, 타당성, 설계, 시공, 유지관리까지 모든 제반사항을 일괄 처리하여 인도하는 도급계약 방식

058 목재 방부처리법 3가지를 쓰시오.

①

②

③

059 다음은 목재의 수축변형에 대한 설명이다. 괄호 안을 채우시오.

> 목재는 건조 · 수축하여 변형하고 연륜방향의 수축은 연륜의 (①)
> 의 약 2배가 된다.
> 또한 수피부는 수심부보다 수축이 크다. (②)는 조직이 경화
> 되고 (③)는 조직이 여리고 함수율도 크고 재질도 무르기 때
> 문이다.

> ① 직각방향
> ② 심재부
> ③ 변재부

060 다음 설명에 해당하는 명칭을 쓰시오.

> 자토를 반죽하여 조각의 형틀로 찍어내어 소성한 속이 빈 대형의
> 점토제품으로 구조용과 장식용이 있으며 주로 난간벽, 주두, 돌림
> 띠, 창대 등의 외관장식에 많이 쓰인다.

> 테라코타

061 바닥줄눈대 설치목적 3가지를 쓰시오.

①

②

③

> ① 재료의 수축, 팽창에 대한 균열 방지
> ② 재료의 균열을 막아 주변재료의 연속
>   파손 및 재질변화 방지
> ③ 바름구획의 구분 및 보수 용이

062 천연아스팔트 3가지를 쓰시오.

①

②

③

> ① 레이크아스팔트(Lake Asphalt)
> ② 로크아스팔트(Rock Asphalt)
> ③ 아스팔트타이트(Asphalttite)
> 그 외
> ④ 샌드아스팔트(Sand Asphalt)

063 다음은 시트(Sheet)방수공법의 시공순서이다. 괄호 안을 채우시오.

바탕칠 - (   ) - 접착제칠 - (   ) - (   )

> 바탕칠 - (프라이머칠) - 접착제칠 - (시
> 트 붙이기) - (마무리)

064 타일시공 후 박리원인 3가지를 쓰시오.

①

②

③

> ① 구조체의 변형
> ② 타일선정 부적절
> ③ 접착면의 상태 불량
> 그 외
> ④ Open Time 초과
> ⑤ 모르타르 두께 부족
> ⑥ 양생 결합

065 건축에서 안전유리로 분류할 수 있는 유리의 명칭을 3가지 쓰시오.

①

②

③

● ① 강화유리
② 망입유리
③ 접합유리

066 방수공사에서 방근재에 대해 서술하시오.

● 식물뿌리의 성장으로 인한 방수층 및 구조물의 손상을 방지하는 데 사용되는 재료이다.

067 알루미늄창호를 철재창호와 비교한 장점을 4가지 쓰시오.

①

②

③

④

● ① 비중이 철의 1/3 정도로 경량이다.
② 녹슬지 않고, 사용연한이 길다.
③ 공작이 용이하다.
④ 내식성이 강하고 착색이 가능하다.

068 다음 설명에 대한 해당하는 명칭을 쓰시오.

(1) 간사이가 클 경우에 사용되며, 큰보 위에 작은보, 그 위에 장선을 걸고 마루널을 깐 마루(　　　　)

(2) 간막이 도리 위에 장선을 걸고 마루 널을 깐 마루(　　　　)

(3) 보 위에 장선을 걸고 마루 널을 깐 마루(　　　　)

● (1) 짠마루
(2) 홀마루
(3) 보마루

069 다음 용어에 대하여 설명하시오.

(1) 공간쌓기 :

(2) 아치쌓기 :

● (1) 공간쌓기 : 방음, 방습, 단열을 목적으로 벽체의 공간을 띄워 쌓는 쌓기법으로 5cm 정도의 공간을 확보하여 연결(긴결)재는 수평 90cm, 수직 40cm 이하의 간격으로 아연도금철선 #8 또는 지름 6mm의 철근을 꺾쇠형으로 사용한다.
(2) 아치쌓기 : 아치는 상부에서 오는 수직압력이 아치의 축선에 따라 좌우로 나누어져 밑으로 인장력이 생기지 않고, 압출력만이 전달되게 하는 쌓기법이다.

070 석고보드의 이음새 시공순서를 〈보기〉에서 골라 쓰시오.

| 보기 |

| ① 조이너　　② 샌딩　　③ 상도　　④ 중도　　⑤ 하도 |

● ① 조이너 - ⑤ 하도 - ④ 중도 - ③ 상도 - ② 샌딩

071 다음을 흡수율이 큰 것부터 나열하시오.

| 보기 |

① 토기　② 자기　③ 도기　④ 석기

→ ① 토기－③ 도기－④ 석기－② 자기

072 철재녹막이 방지도료를 3가지 쓰시오.

①

②

③

→ ① 광명단
② 징크로메이트
③ 아연분말도료
그 외
④ 알루미늄도료
⑤ 산화철녹막이

073 공사현장에서 쓰이는 공구에 대한 설명이다. 해당하는 명칭을 쓰시오.

(1) 압축공기를 빌려 망치 대신 사용하는 공구(　　　　)

(2) 목재의 몰딩이나 홈을 팔 때 쓰이는 공구(　　　　)

→ (1) 타카(Air Tool)
(2) 루터

074 대리석의 갈기공정에 대한 마무리 종류에 대하여 서술하시오.

(1) 거친갈기 :

(2) 물갈기 :

(3) 본갈기 :

→ (1) 거친갈기 : #180의 카보런덤 숫돌로 간다.
(2) 물갈기 : #220의 카보런덤 숫돌로 갈고, 쇠시리면은 고운 숫돌로 간다.
(3) 본갈기 : 고운 숫돌, 숫가루를 사용하고 원반에 걸어 마무리한다. 다시 광내기 가루를 사용하여 퍼프(Puff)로 마무리한다.

075 타일 면처리방법에 따른 타일종류 3가지를 쓰시오.

①

②

③

→ ① 스크래치타일(Scratch Tile)
② 태피스트리타일(Tapestry Tile)
③ 천무늬타일(Fabric Tile)

076 길이 10m, 높이 3m의 건물에 1.5B 쌓기 시 모르타르량(m^3)과 벽돌 재료량을 계산하시오(표준형 시멘트 벽돌 사용).

→ • 벽돌량 : 10×3×224＝6,720매
• 모르타르량 : 6,720/1000×0.35
＝2.352m^3

077 네트워크 공정표의 장점 4가지를 기술하시오.

①

②

③

④

→ ① 공사계획의 전모와 공사전체의 파악이 용이하다.
② 작업의 상호관계가 명확하게 표시된다.
③ 계획단계에서 공정상의 문제점이 명확히 검토되고, 작업 전에 수정이 가능하다.
④ 주공정에 대한 정보제공으로 시간여유가 있는 작업과 시간여유가 없는 작업을 구분할 수 있다.

078 직접가설공사 중 낙하물에 대한 위험방지물이나 방지시설을 3가지 쓰시오.

①

②

③

① 방호철망
② 방호시트
③ 방호선반

079 합성수지 재료를 열가소성 수지와 열경화성 수지로 나누시오.

| 보기 |

① 아크릴수지	② 에폭시수지
③ 멜라민수지	④ 페놀수지
⑤ 폴리에틸렌수지	⑥ 염화비닐수지

(1) 열가소성 수지 :

(2) 열경화성 수지 :

(1) 열가소성 수지 : ①, ⑤, ⑥
(2) 열경화성 수지 : ②, ③, ④

080 테라코타의 용도 2가지를 서술하시오.

(1) 구조용 :

(2) 장식용 :

(1) 구조용 : 칸막이 벽 등에 사용되는 공동벽돌
(2) 장식용 : 난간벽, 돌림띠, 창대

081 다음 석재의 가공순서에서 (   ) 안을 채우시오.

혹두기 – (   ) – 도드락다듬 – (   ) – 갈기(광내기)

혹두기 – (정다듬) – 도드락다듬 – (잔다듬) – 갈기(광내기)

082 인조석 바름 표면마무리공법에 대한 설명이다. 괄호 안에 알맞은 용어를 써넣으시오.

| 보기 |

| 씻어내기, 물갈기, 잔다듬, 정다듬, 도드락다듬 |

(1) 외벽의 마무리에 사용되며, 솔로 2회 이상 씻어낸 후 물로 씻어 마감 (   )

(2) 인조석이 경화된 후 갈아내기를 반복하여 금강석숫돌, 마감숫돌의 광내기로 마감(   )

(3) 인조석 바름이 경화된 다음 정, 도드락망치, 날망치 등으로 두들겨 마감(   )

(1) 씻어내기
(2) 물갈기
(3) 잔다듬

083 다음 설명에 대한 알맞은 명칭을 쓰시오.

(1) 계단 디딤판의 모서리 끝부분에 설치하여 미끄럼을 방지하고 계단의 디딤 위치를 유도해준다.(   )

(2) 기둥, 벽 등의 모서리에 대어 미장 바름을 보호하기 위한 철물로 각진 모서리에 대어 시공한다.(   )

(1) 논슬립
(2) 코너비드

084 타일공사에서 Open Time을 설명하시오.

타일의 접착력을 확보하기 위해 모르타르를 바른 후 타일을 붙일 때까지 소요되는 붙임시간으로 보통 내장타일은 10분, 외장타일은 20분 정도의 Open Time을 갖는다.

085 다음 평면도에서 쌍줄비계를 설치할 때 외부비계 면적을 산출하시오 (단, H : 15m).

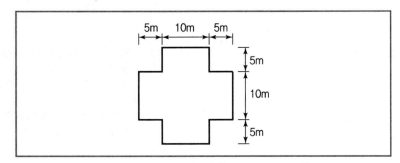

$A = H \times \{2(a+b) + 0.9 \times 8\}$
$= 15 \times \{2 \times (20+20) + 7.2\}$
$= 15 \times \{(2 \times 40) + 7.2\}$
$= 15 \times (80 + 7.2)$
$= 15 \times 87.2$
$= 1,308\text{m}^2$

086 건축물의 계획에서 완성, 유지관리 단계까지 필요한 설계도면의 종류를 나열하시오.

①
②
③
④
⑤

① 기획도면   ② 기본도면
③ 상세도면   ④ 시공 상세도면
⑤ 실제도면

087 다음 (   ) 안에 소요규격과 단위를 써 넣으시오.

비계다리는 너비 (①   )cm 이상, 경사는 (②   )도 이하를 표준으로 하되, 되돌림 또는 참을 (③   )m 이내마다 설치하고, 높이 (④   )cm 이상의 난간 손스침을 설치한다.

① 90   ② 30
③ 7   ④ 75

088 집성목재의 장점 3가지를 쓰시오.

①
②
③

① 접합을 통해 자유로운 형상을 만들 수 있다.
② 비교적 긴 스팬의 설계가 가능하다.
③ 일반 목재보다 1.5배 이상의 강도를 갖는다.

089 조적공사에 관한 기술이다. 다음 괄호 안에 알맞은 내용을 써 넣으시오.

벽돌벽면에서 내쌓기 할 때 두 켜씩 (①)B 내쌓고 또는 한 켜씩 (②)B 내쌓기로 하며, 맨 위는 두 켜 내쌓기로 한다. 이때 내쌓기는 모두 (③)쌓기로 하는 것이 강도상, 시공상 유리하다.

⊙ ① 1/4
② 1/8
③ 마구리

090 일반적인 건축공사의 견적순서를 〈보기〉에서 골라 기호를 쓰시오.

| 보기 |

┌─────────────────────────────────┐
│ ① 단위(일위대가표)   ② 견적 작성 │
│ ③ 이윤   ④ 수량 조사 │
│ ⑤ 일반관리비 부담금   ⑥ 가격   │
│ ⑦ 현장경비   │
└─────────────────────────────────┘

⊙ ④-①-⑥-⑦-⑤-③-②

091 접합유리의 특징 2가지를 기술하시오.

①

②

⊙ ① 2장 이상의 유리판을 합성수지로 겹붙여 댄 것으로 강도가 크다.
② 충격에 의한 파손 시 산란이 거의 없다.
③ 방탄의 효과가 우수하다.
④ 여러 겹이라 다소 하중이 크지만 견고하다.

092 바닥면적 $12m^2$에 타일 $10.5cm \times 10.5cm$, 줄눈 10mm를 붙일 때 필요한 타일의 수량을 정미량으로 산출하시오.

⊙ 정미량
$$= \frac{12m^2}{(0.105+0.01)m \times (0.105+0.01)m}$$
$= 907.37$매(908매)

093 수성페인트는 안료를 (①), (②), 아라비아고무, 전분과 함께 물에 개어 묽게 한 것이다.

⊙ ① 카세인
② 아교

094 다음 자료를 이용하여 네트워크(Network) 공정표를 작성하시오.

작업명	A	B	C	D	E	F
선행 작업	NONE	NONE	NONE	A	A, B	A, B, C
작업일수	3	5	2	4	3	5

⊙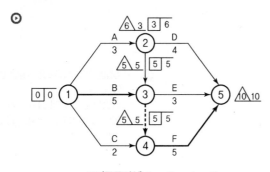

CP(주공정선) 1 → 3 → 4 → 5

095 다음 설명에 따른 용어를 쓰시오.

(1) 연강철선을 정방형 또는 장방형으로 만든 것으로 콘크리트 바닥다짐의 보강용 철물(   )

(2) 천장, 벽 등에 보드, 합판 등을 붙이고 그 이음새를 감추어 누르는 데 쓰는 철물(   )

⊙ (1) 와이어메시
(2) 조이너

096 미장 단열공사 시 주입공법과 붙임공법에 대하여 서술하시오.

(1) 주입공법 :

(2) 붙임공법 :

⊙ (1) 주입공법 : 우레탄폼을 분사식 재료를 사용하여 밀폐된 공간에 단열재를 주입하는 공법으로, 예비 발포시킨 것을 밀폐된 공간 속에 주입하면 그 속에서 팽창·발포하여 고형화되는 단열재이다.
(2) 붙임공법 : 발포폴리스티렌이나 고밀도 성형판 단열재 등 어느 정도의 기계적 강도가 있는 판상형의 단열재를 벽 또는 슬래브 등에 직접 접착하거나 못으로 고정하는 공법으로 단열재 설치 후 석고보드, 합판, MDF 등으로 보강하고 치장해야 한다.

097 다음 〈보기〉에서 방음 재료를 고르시오.

| 보기 |

① 탄화코르크	② 암면
③ 어쿠스틱 타일	④ 석면
⑤ 광재면	⑥ 목재루버
⑦ 알루미늄	⑧ 구멍합판

⊙ ③ 어쿠스틱 타일, ⑥ 목재루버, ⑧ 구멍합판

098 미장공사 중 셀프 레벨링(Self Leveling)재에 대해서 설명하시오.

⊙ 자체 유동성을 갖고 있는 특수 모르타르로 시공면 수평에 맞게 부으면, 스스로 일매지는 성능을 가진 특수 미장재이다. 시공 후 통풍에 의해 물결무늬가 생기지 않도록 개구부를 밀폐하여 기류를 차단하고, 시공 전·중·후의 기온이 5℃ 이하가 되지 않도록 한다.

099 목재 바니시칠 공정작업순서를 바르게 나열하시오.

| 보기 |

| ① 색올림   ② 왁스 문지름   ③ 바탕처리   ④ 눈먹임 |

⊙ ③ 바탕처리 – ④ 눈먹임 – ① 색올림 – ② 왁스 문지름

100 적산요령 4가지를 쓰시오.

①

②

③

④

○ ① 수평에서 수직으로 계산
② 시공순서대로 계산
③ 내부에서 외부로 계산
④ 큰 곳에서 작은 곳으로 계산

101 다음 조건을 보고 필요한 타일 수량을 구하시오.

| 조건 |

> • 타일크기 : 15×15cm
> • 줄눈 : 10mm
> • 면적 : 120m²

○ $$\frac{120m^2}{(0.15+0.01)\times(0.15+0.01)}$$
$$=\frac{120m^2}{0.16\times0.16}=\frac{120m^2}{0.0256}$$
$$=4,687.5장(4,688매)$$

102 타일 동해방지법 4가지를 쓰시오.

①

②

③

④

○ ① 붙임용 모르타르 배합비를 정확히 준수한다.
② 소성온도가 높은 양질의 타일을 사용한다.
③ 타일은 흡수성이 낮은 것을 사용한다.
④ 줄눈 누름을 충분히 하여 빗물의 침투를 방지한다.

103 거푸집면 타일 먼저 붙이기 공법 2가지를 쓰시오.

①

②

○ ① 타일시트 공법
② 줄눈 채우기 공법
③ 고무줄눈 설치 공법

104 달비계, 수평비계에 관하여 서술하시오.

(1) 달비계 :

(2) 수평비계 :

○ (1) 달비계 : 건축물 완공 후 외부수리, 치장공사, 유리창 청소 등을 하는 데 쓰이며, 구체에서 형강재를 내밀어 로프로 작업대를 고정한 비계이다.
(2) 수평비계 : 실내에서 작업하는 높이의 위치에 발판을 수평으로 매는 것이다.

105 다음에서 설명하는 용어를 쓰시오.

(1) 미장 시 균열의 틈새, 구멍 등에 미장 반죽재를 밀어 넣는 작업
    (   )

(2) 바탕을 깨끗이 청소하고, 부실한 곳은 보수하며, 들어간 곳은 살을 붙여 정으로 쪼아 거칠게 하는 작업(   )

○ (1) 덧먹임
(2) 바탕 바름

106 벽돌조 균열원인 중 시공상 문제점을 3가지 쓰시오.

①

②

③

① 벽돌 및 모르타르의 강도 부족
② 온도 및 흡수에 따른 재료의 신축성
③ 이질재와 접합부의 시공 결함

107 도장공사에서 수성페인트 시공순서이다. 순서대로 바르게 나열하시오.

| 보기 |

| ① 바탕 만들기 ② 초벌 ③ 정벌 ④ 바탕누름 ⑤ 연마지 닦기 |

① 바탕 만들기 – ④ 바탕누름 – ② 초벌 – ⑤ 연마지 닦기 – ③ 정벌

108 다음 용어에 대하여 서술하시오.

(1) 듀벨 :

(2) 이음 :

(3) 맞춤 :

(1) 듀벨 : 목재에서 두재의 접합부에 끼워 볼트와 같이 써서 전단에 견디도록 하는 것
(2) 이음 : 재의 길이방향으로 두재를 길게 접합하는 것
(3) 맞춤 : 재와 서로 직각으로 접합하는 것

109 타일 붙이기 시공순서를 〈보기〉에서 골라 기호를 쓰시오.

| 보기 |

① 타일 나누기	② 치장줄눈
③ 마무리 및 보양	④ 벽타일 붙이기
⑤ 바탕처리	

⑤ – ① – ④ – ② – ③

110 타일의 시공 후 시험법에 대해서 서술하시오.

(1) 주입시험검사 :

(2) 인장시험검사 :

(1) 주입시험검사 : 박락되었다고 판단되는 타일면 내부에 에폭시수지 및 폴리머 시멘트를 주입하여 박락된 범위와 두께를 판단하는 검사방법이다.
(2) 인장시험검사 : 접착력 시험기로 타일을 떼어내는 방법으로 시험방법은 타일의 접착력과 동일하다.

111 길이 10m, 높이 2.5m, 1.5B 벽돌벽의 벽돌량과 모르타르량을 구하시오(단, 표준형 시멘트 벽돌임).

• 벽면적 = 10m × 2.5m = 25m^2
• 벽돌량 = 25m^2 × 224 = 5,600매
• 모르타르량 = $\dfrac{5,600}{1,000}$ × 0.35
= 1.96m^3

112 목재의 이음 및 맞춤 시 시공상의 주의사항을 4가지만 쓰시오.

①

②

③

④

① 큰 인장과 압축을 받는 곳에 이음과 맞춤을 하지 말 것
② 응력방향에 직각으로 이음과 맞춤을 할 것
③ 모양이나 형태에 치중하지 말고 간단히 할 것
④ 치장부위에 먹줄을 남기지 말 것

113 다음 용어에 대하여 설명하시오.

(1) 제재치수 :

(2) 마무리치수 :

(1) 제제치수 : 대패질 및 마무리를 감안하여 3mm 정도 크게 한 치수
(2) 마무리치수 : 제재목을 치수에 맞추어 깎고 다음에 대패질로 마무리한 치수

114 다음에서 설명하는 용어를 쓰시오.

(1) 콘크리트, 모르타르가 형틀을 제거하여도 형체를 유지할 수 있을 정도로 엉기는 초기작용 현상(   )

(2) 콘크리트, 모르타르가 응결한 다음 시일의 경과에 따라 강도가 증진되는 현상(   )

(1) 응결
(2) 경화

115 다음 중 기경성 재료를 모두 골라 번호를 고르시오.

| 보기 |

① 킨즈 시멘트   ② 아스팔트 모르타르
③ 마그네슘 시멘트   ④ 시멘트 모르타르
⑤ 진흙질   ⑥ 소석회

②, ③, ⑤, ⑥

116 다음 용어 설명에 맞는 재료를 기입하시오.

(1) 3매 이상의 단판을 1매마다 섬유방향에 직교하도록 겹쳐 붙인 것
(   )

(2) 목재의 부스러기를 합성수지와 접착제를 섞어 가열·압축한 판재
(   )

(3) 표면이 평평하고 유공질판이어서 단열판 열절연재로 사용(   )

(1) 합판
(2) 파티클보드
(3) 코르크

117 도배공사 시공순서를 나열하시오.

바탕처리-(   )-재배지 바름-(   )

바탕처리-(초배지 바름)-재배지 바름-(정배지 바름)

118 다음에서 설명하는 용어를 쓰시오.

(1) 계단 디딤판의 모서리 끝부분에 설치하여 미끄럼을 방지하는 것
(   )

(2) 콘크리트, 벽돌 등의 면에 띠장, 문틀 등의 다른 부재를 고정하기 위하여 묻어두는 특수 볼트(   )

◉ (1) 논슬립
(2) 익스팬션볼트

119 유성페인트의 종류를 구별하는 내용이다. (   ) 안에 알맞은 용어를 넣으시오.

유성페인트는 그 섞는 재료에 따라 (①)페인트, (②)페인트, (③)페인트로 나누어진다.

◉ ① 조합
② 된반죽
③ 중반죽

120 다음 용어를 설명하시오.

(1) 입주상량 :

(2) 듀벨 :

(3) 바심질 :

◉ (1) 입주상량 : 목재의 마름질, 바심질이 끝난 다음 기둥세우기, 보, 도리 짜맞추기를 하는 일이며, 목공사의 40%가 완료된 상태를 말한다.
(2) 듀벨 : 목재에서 두재의 접합부에 끼워 볼트와 같이 써서 전단에 견디도록 하는 일종의 산지이다.
(3) 바심질 : 목재, 석재 등을 치수금에 맞추어 깎고 다듬는 일이다.

121 다음 용어를 설명하시오.

(1) 인서트 :

(2) 코너비드 :

◉ (1) 인서트 : 콘크리트조 바닥판 밑에 반자틀 및 기타 구조물을 달아매고자 할 때 볼트 또는 달대의 걸침이 되는 것
(2) 코너비드 : 기둥, 벽 등의 모서리를 보호하기 위하여 미장 바름칠을 할 때 붙이는 보호용 철물

122 장판지 붙이기의 시공순서를 〈보기〉에서 골라 순서대로 기호를 쓰시오.

| 보기 |

| ① 걸레받이 | ② 장판지 |
| ③ 마무리칠 | ④ 바탕처리 |

◉ ④ 바탕처리 - ② 장판지 - ① 걸레받이 - ③ 마무리칠

123 다음에서 설명하는 금속공사에 이용되는 철물의 용어를 괄호 안에 넣으시오.

(1) 아연도금 한 굵은 철선을 엮어 그물같이 만든 철망을 말하며, 미장바탕용으로 사용(   )

(2) 얇은 강판에 마름모꼴의 구멍을 연속적으로 뚫어 그물처럼 만든 것으로 천장벽, 처마둘레 등의 미장에 사용(   )

(3) 연강철선을 전기용접 하여 정방형이나 장방형으로 만든 것으로 콘크리트 다짐바닥 등에 사용(   )

(4) 얇은 강판에 여러 가지 구멍을 뚫어 환기공 또는 방열기 커버 등에 사용(   )

> (1) 와이어라스
> (2) 메탈라스
> (3) 와이어메시
> (4) 펀칭메탈

124 석재의 표면 마무리공법 2가지를 쓰시오.

①

②

> ① 플래너마감법
> ② 모래분사법
> 그 외
> ③ 버너구이법

125 다음은 화살형 네트워크에 관한 설명이다. 해당되는 용어를 쓰시오.

(1) 프로젝트를 구성하는 작업단위(   )

(2) 화살선으로 표현할 수 없는 작업의 상호관계를 표시하는 화살표 (   )

(3) 작업의 여유시간(   )

(4) 결합점이 가지는 여유시간(   )

> (1) 작업(Job)
> (2) 더미(Dummy)
> (3) 플로트(Float)
> (4) 슬랙(Slack)

126 비계에 대한 분류이다. 알맞은 용어를 쓰시오.

비계를 재료면에서 분류하면 (①   ), (②   )로 나눌 수 있고, 비계를 매는 형식면에서 분류하면 (③   ), (④   ), (⑤   )로 나눌 수 있다.

> ① 통나무비계   ② 파이프비계
> ③ 외줄비계   ④ 겹비계
> ⑤ 쌍줄비계

127 다음 목공사의 용어에 대하여 간단히 설명하시오.

(1) 쪽매 :

(2) 맞춤 :

(3) 이음 :

> (1) 쪽매 : 재를 섬유방향과 평행으로 옆 대어 붙이는 것
> (2) 맞춤 : 재와 서로 직각 또는 일정한 각도로 접하는 것
> (3) 이음 : 재의 길이방향으로 두 부재를 접하는 것

128 재료에 따른 방수방법 4가지를 쓰시오.

①

②

③

④

① 아스팔트방수
② 시멘트액체방수
③ 도막방수
④ 시트방수

129 휘발성 용제의 종류를 3가지 쓰시오.

①

②

③

① 알코올
② 테레핀유
③ 벤졸

130 백화현상의 방지책 3가지를 쓰시오.

①

②

③

① 처마 및 차양으로 비막이 설치
② 줄눈 모르타르 방수제 혼합
③ 소성이 잘된 벽돌 사용

131 테라초 현장갈기의 시공순서를 〈보기〉에서 골라 기호를 쓰시오.

| 보기 |

┌─────────────────────────────────────┐
① 왁스칠   ② 시멘트 풀먹임
③ 양생 및 경화   ④ 초벌갈기
⑤ 정벌갈기   ⑥ 테라초 종석 바름
⑦ 황동줄눈대 대기
└─────────────────────────────────────┘

⑦ 황동줄눈대 대기 - ⑥ 테라초 종석 바름 - ③ 양생 및 경화 - ④ 초벌갈기 - ② 시멘트 풀먹임 - ⑤ 정벌갈기 - ① 왁스칠

132 타일공법 중 압착공법의 장점에 대해 기술하시오.

①

②

③

① 타일 이면에 공극이 적기 때문에 백화현상이 적다.
② 직접 붙임공법에 비해 고기능의 숙련기술을 요하지 않는다.
③ 시공속도가 빠르며, 능률이 높고 동해의 발생이 적다.

133 다음은 아치에 대한 설명이다. 알맞은 용어를 괄호 안에 써넣으시오.

(1) 보통벽돌을 쐐기모양으로 다듬어 쌓는 아치(   )

(2) 간사이가 클 경우에 사용되며 큰보 위에 작은보, 그 위에 장선을 걸고, 마루널을 깐 마루(   )

(3) 현장에서 보통벽돌을 써서 줄눈을 쐐기모양으로 쌓은 아치

(   )

(1) 막만든아치
(2) 짠마루
(3) 거친아치

134 다음 돌쌓기에 대한 설명을 쓰시오.

(1) 층단 떼어쌓기 :

(2) 켜걸음 들여쌓기 :

> (1) 층단 떼어쌓기 : 연속되는 벽체를 하루에 다 쌓을 수 없을 때 중간을 계단처럼 남겨두고 쌓는 방법이다.
> (2) 켜걸음 들여쌓기 : 교차벽 등에서 하루에 다 쌓을 수 없을 때 한쪽 벽을 남겨두고 쌓는 방법이다.

135 철근부식 방지방법 3가지를 쓰시오.

①
②
③

> ① 에폭시 철근 사용
> ② 철근표면에 아연도금 처리
> ③ 콘크리트에 방청제 혼입

136 더미(Dummy)에 관하여 서술하시오.

> 화살표형 Network에서 정상적으로 표현할 수 없는 작업의 상호관계를 표시하는 파선으로 된 화살표이다.

137 벽돌쌓기법 중 공간쌓기에 대하여 설명하시오.

> 방음, 방습, 단열을 목적으로 벽체의 공간을 띄워 쌓는 쌓기법으로 5cm 정도의 공간을 확보(5~7cm 정도)하며, 연결(긴결)재는 수평 90cm, 수직 40cm 이하의 간격으로 아연도금철선 #8 또는 지름 6mm의 철근을 꺾쇠형으로 사용한다.

138 다음 〈보기〉의 나무를 침엽수와 활엽수로 구분하시오.

| 보기 |

① 노송나무	② 떡갈나무
③ 낙엽송	④ 측백나무
⑤ 오동나무	⑥ 느티나무

(1) 침엽수 :
(2) 활엽수 :

> (1) 침엽수 : ①, ③, ④
> (2) 활엽수 : ②, ⑤, ⑥

139 멤브레인(Membrane) 방수공사의 종류 3가지를 쓰시오.

①   ②   ③

> ① 아스팔트방수
> ② 시트방수
> ③ 도막방수

140 드라이비트의 장점에 대해 쓰시오.

> 가공이 용이해 조형성이 뛰어나고 다양한 색상 및 질감으로 뛰어난 외관구성이 가능하며, 단열성능이 우수하고, 경제적이다.

141 플라스틱재료의 일반적인 특성 중 장점과 단점을 2가지씩 쓰시오.

(1) 장점 ①

②

(2) 단점 ①

②

⊙ (1) 장점
　　① 재료의 절단 및 가공이 용이하여 특수한 형태의 성형이 쉽다.
　　② 내식 · 내수성이 강하여 보존성이 좋다.
(2) 단점
　　① 내마모성과 표면강도가 약하다.
　　② 열에 의한 팽창과 수축이 크다.

142 도장공사 시 스테인칠의 장점을 3가지 기술하시오.

①

②

③

⊙ ① 작업이 용이하며, 색을 자유로이 할 수 있다.
② 표면을 보호하여 내구성을 증대시킨다.
③ 색올림이 표면으로부터 블리드되지 않게 한다.

143 도장공사에서 쓰이는 스프레이건 사용 시 주의사항에 대하여 쓰시오.

⊙ 압축공기를 이용한 도장용 분사기로 노즐헤드 1.0~15mm를 조절하여 뿜칠의 확산을 변경할 수 있고, 뿜칠을 위한 압력은 2~4kg/cm²이며, 칠면에서 직각으로 30cm 정도 띄워 사용한다.

144 다음은 유리의 특성을 설명한 것이다. 해당하는 용어를 괄호 안에 쓰시오.

(1) 열반사유리라고도 하며, 표면에 반사막을 입혀 단열효과를 증대시키는 유리(　　　　)

(2) 접합안전유리라고도 하며, 2장 이상의 판유리 사이에 폴리비닐을 넣어 고열로 접착한 유리(　　　　)

(3) 성형 판유리를 500~600℃로 가열하여 급랭시켜 강도를 높인 유리(　　　　)

(4) 유리 내부에 금속망을 삽입하여 도난방지 및 방화문에 사용하는 유리(　　　　)

⊙ (1) 반사유리
(2) 접합유리
(3) 강화유리
(4) 망입유리

145 품질관리에 쓰이는 QC수법의 4가지 단계를 쓰시오.

①

②

③

④

⊙ ① Plan : 규격, 규준, 생산계획
② Do : 작업 실시
③ Check : 제품의 검토 및 검사
④ Action : 결과에 따른 시정

146 공사의 규모에 따라 구분되는 외부비계의 종류를 쓰시오.

⊙ 겹비계, 외줄비계, 쌍줄비계

147 다음 용어를 설명하시오.

(1) 논슬립 :

(2) 코너비드 :

(3) 듀벨 :

(4) 마무리치수 :

(1) 논슬립 : 계단 디딤판의 모서리 끝부분에 대어 미끄럼을 방지하고 시각적으로 계단 디딤 위치를 유도해준다.
(2) 코너비드 : 기둥, 벽 모서리 부분의 미장 바름을 보호하기 위한 철물로 시공면의 각진 모서리에 대어 시공한다.
(3) 듀벨 : 목재에서 두재의 접합부에 끼워 볼트와 같이 써서 전단에 견디도록 한다.
(4) 마무리치수 : 제재목을 치수에 맞추어 깎고 다듬어 대패질로 마무리한 치수이다.

148 반자틀 짜는 순서를 나열하시오.

| 보기 |

① 달대
② 반자돌림대
③ 반자틀 설치
④ 달대받이 설치
⑤ 반자틀받이 설치

④ 달대받이 설치 – ② 반자돌림대 – ⑤ 반자틀받이 설치 – ③ 반자틀 설치 – ① 달대

149 철골구조에서 녹막이칠을 하지 않는 부분을 3가지 쓰시오.

①

②

③

① 조립에 의해 면맞춤 되는 부분
② 콘크리트에 매립되는 부분
③ 고장력볼트 접합면의 마찰부분

150 석재가공이 완료되었을 때 가공검사항목을 4가지 쓰시오.

①

②

③

④

① 마무리된 치수의 정확도 검사
② 측면모서리의 직각 바르기 검사
③ 노출된 전면의 평활성 검사
④ 다듬기상태의 일정한 정도 검사

151 적산과 견적의 차이점을 2가지 쓰시오.

①

②

① 적산은 공사에 필요한 재료 및 품의 수량, 즉 공사량의 산출이다. 견적은 그 산출된 공사량에 단가를 곱하여 공사비를 산출하는 것이다.
② 적산은 설계도서가 완비되었다면 공사량의 측정은 변동이 없으나, 견적은 여건에 따라 공사값이 변동될 수 있다.

152 합성수지 도료가 유성페인트에 비해 장점인 것을 〈보기〉에서 4개를 고르시오.

| 보기 |

① 도막이 단단하다.　　　② 방화성 도료이다.
③ 형광도료의 일종이다.　④ 건조가 빠르다.
⑤ 내마모성이 있다.　　　⑥ 내산알칼리성이 있다.

⊙ ①, ②, ④, ⑥

153 CPM 네트워크 공정표에서 나타나는 여유(Float)시간 3가지를 쓰시오.

①
②
③

⊙ ① TF(전체 여유)
② FF(자유여유)
③ DF(종속여유)

154 어느 건축공사의 한 작업이 정상적으로 시공할 때 공사기일은 10일, 공사비는 70,000원이고, 특급으로 시공할 때 공사기일은 7일, 공사비는 100,000원이라 할 때, 이 공사의 공기단축 시 필요한 비용구배(Cost Slope)를 구하시오.

⊙ $\dfrac{100,000-70,000}{10-7}=\dfrac{30,000}{3}$
$=10,000원/일$

155 다음 용어를 설명하시오.

(1) 바심질 :
(2) 마름질 :

⊙ (1) 바심질 : 구멍뚫기, 홈파기, 면접기 및 대패질로 목재를 다듬는 일
(2) 마름질 : 목재의 크기에 따라 각 부재의 소요길이로 잘라내는 일

156 조적공사 시 세로규준틀에 기입해야 할 사항을 쓰시오.

①
②
③
④

⊙ ① 줄눈간격, 줄눈표시
② 벽돌, 블록 등 쌓기 단수
③ 테두리보 위치
④ 창틀위치 및 규격

157 멜라민수지의 특징을 3가지 쓰시오.

①
②
③

⊙ ① 투명, 흰색의 액상접착제로 값이 비싸기 때문에 단독사용은 드물다.
② 내수성, 내열성이 크다.
③ 주로 목재에 사용한다.
그 외
④ 페놀수지와는 달리 순백색 또는 투명, 흰색이므로 착색의 염려가 없다.

158 길이 10m, 높이 2m인 1.0B 벽돌의 정미량과 모르타르량을 계산하시오(단, 벽돌규격은 표준형임).

   (1) 벽면적 :

   (2) 벽돌량 :

   (3) 모르타르량 :

⊙ (1) 벽면적 : $10 \times 2 = 20m^2$
   (2) 벽돌량 : $20 \times 149 = 2,980$매
   (3) 모르타르량 : $\dfrac{2,980}{1,000} \times 0.33$
             $= 0.98m^3$

159 인조석 바름의 구성재료를 기입하시오.

⊙ 백시멘트, 돌가루(종석), 안료, 물

160 표준형 시멘트 벽돌 2,000장을 1.0B 쌓기로 할 경우 벽면적은 얼마인가?

⊙ $\dfrac{2,000}{149} = 13.42m^2$

내가 뽑은 원픽!　최신 출제경향에 맞춘 최고의 수험서

2025

실내건축
기사 실기
작업형

유희정 저

자기 주도 학습이 가능한
스터디 플랜 제공

핵심 포인트 정리로
작도방법의 단계적 학습 가능

저자의 오랜 노하우가 담긴
상세 도면 수록

필답형+작업형을 한 권으로 구성!

출제빈도가 높은 과년도 기출문제 수록

스마트폰
수강가능
주경야독 동영상강의
yadoc.co.kr

NAVER 카페　너도합격 ▽

예문사